Fred Siewek

Exotische Gewürze

Herkunft
Verwendung
Inhaltsstoffe

Birkhäuser Verlag
Basel · Boston · Berlin

Dr. Fred Siewek
Ostmann-Gewürze
Postfach 143
D-4800 Bielefeld 1

CIP-Titelaufnahme der Deutschen Bibliothek

Siewek, Fred
Exotische Gewürze : Herkunft, Verwendung, Inhaltsstoffe /
Fred Siewek. – Basel ; Boston ; Berlin : Birkhäuser, 1990
ISBN 3-7643-2293-4
NE: HST

Für Angaben über Dosierungsanweisungen und Applikationsformen kann vom Verlag keine Gewähr übernommen werden. Derartige Angaben müssen vom jeweiligen Anwender im Einzelfall anhand anderer Literaturstellen auf ihre Richtigkeit überprüft werden.

Umschlag- und Buchgestaltung: Gregor Messmer, Basel
Printed in Germany on acid-free paper
ISBN 3-7643-2293-4

Inhalt

Vorwort

Die Zeit, in der das Thema „Gewürze“ nur eine kleine Zahl von Experten beschäftigte, gehört der Vergangenheit an. Längst ist das Interesse an den aromatischen Pflanzen bei einer immer größer werdenden Zahl von Chemikern, Lebensmittelchemikern, Diätassistenten, Ernährungswissenschaftlern, Hauswirtschaftlerinnen, Küchenleitern, Hobbyköchen und Hausfrauen geweckt.

Einerseits ist ein gestiegener Bedarf nach „neuen“, pharmakologisch wirksamen Naturstoffen feststellbar, andererseits besinnen sich auch Produktentwickler der Lebensmittelindustrie und Diätberater und -köche zunehmend auf die Vorzüge dieser wohlschmeckenden Naturprodukte. Schließlich wecken Reisen, auch beim Nichtwissenschaftler, die Neugier nicht nur auf fremde Kulturen, sondern auch auf die Spezialitäten fremdländischer Küchen, die ohne „exotische“ Gewürze meist nicht auskommen.

Über deren Herkunft und Anbau, ihre Verwendung und Wirkungen oder sogar über Qualität und Inhaltsstoffe ist der Laie in der Regel nicht orientiert.

Dieses Buch versucht dem wachsenden Informationsbedürfnis eines heterogenen Leserkreises gerecht zu werden. Die im Rahmen des Taschenbuches behandelten Gewürzpflanzen sind überwiegend tropischen oder subtropischen Ursprungs und haben nur in geringer Zahl eine Verbreitung auch in den gemäßigten Klimazonen erfahren.

Selbstverständlich werden die weltwirtschaftlich bedeutenden exotischen Gewürze mit besonderem Schwerpunkt behandelt. Darüber hinaus wird der Leser mit in Mitteleuropa weitestgehend unbekannten Gewürzpflanzen konfrontiert, die in der Zukunft, vor allem durch die weitere Verbreitung der asiatischen Kochkunst, auch für uns ähnlich bekannt werden könnten, wie es Pfeffer und Paprika schon lange sind.

Danksagung

Für die Unterstützung bei der Entstehung dieses Taschenbuches und die großzügige Überlassung des Bildmaterials danke ich der Firma Ostmann Gewürze, Bielefeld, sehr herzlich.

1. Einleitung

Gewürze spielten in der Geschichte der Menschheit offenbar von Anbeginn eine große Rolle. So waren den Steinzeitmenschen bereits Mohn, Angelika und Kümmel bekannt. Assyrien und Babylon waren frühe Zentren des Gewürzhandels. Vor Jahrtausenden benutzte man würzende Zutaten bereits in Indien und China. Schließlich schätzte man bereits lange vor Kolumbus' Reisen die Vorzüge der Gewürze auch in Amerika.

Im Mittelalter war die ökonomische Bedeutung des Gewürzhandels so groß, daß viele Entdeckungsreisen das Ziel hatten, die exotischen „Gewürzinseln" zu finden. In dieser Zeit wurden durch die hegemonialen Staaten Europas Monopole aufgebaut und gebrochen, Kriege geführt und Völker unterworfen. Das Land, das den Gewürzhandel kontrollierte, war automatisch das reichste und mächtigste der Welt. Die Vorherrschaft der Stadtrepubliken Genua und Venedig ging an die Portugiesen, die Holländer und schließlich an England über.

Die Masse der damaligen Verbraucher profitierte jedoch nicht vom langsam wachsenden Gewürzmarkt, denn die geschätzten Kostbarkeiten aus exotischen Ländern waren ausschließlich einer kleinen privilegierten Schicht zugänglich.

Erst zu Beginn des 17. Jahrhunderts, als die Gewürzeinfuhr in ganz Europa gesteigert wurde und die ehemaligen Monopole zerfielen, erloschen die Handelsprivilegien der großen Kaufleute („Pfeffersäcke") und Handelshäuser, und die geforderten Preise wurden für weite Schichten erschwinglich.

Von Anis bis Zimt stehen dem heutigen Verbraucher zu jeder Zeit alle exotischen Gewürze in guter Qualität zu einem akzeptablen Preis zur Verfügung.

2. Gewürzdefinition

„Gewürze sind Teile einer bestimmten Pflanzenart, nicht mehr als technisch notwendig bearbeitet, die wegen ihres natürlichen Gehaltes an Geschmacks- und Geruchsstoffen als würzende oder geschmacksgebende Zutaten zum Verzehr geeignet und bestimmt sind."

Dies ist die gültige Definition für Gewürze, wie sie im „Deutschen Lebensmittelbuch" in den „Leitsätzen für Gewürze und andere würzende Mittel" zu finden ist. Sie läßt ahnen, wie heterogen und vielseitig die Pflanzengruppen sind, aus denen Gewürze hervorgehen.

Häufig werden sie nach der Art der genutzten Pflanzenteile, aus denen sie bestehen, eingeteilt:

1.	Wurzelstöcke (Rhizome)	z. B. Ingwer
2.	Wurzeln	z. B. Liebstöckelwurzel
3.	Rinden	z. B. Zimt
4.	Blätter	z. B. Lorbeerblatt
5.	Blüten und Blütenteile	z. B. Nelken
6.	Früchte	z. B. Pfeffer
7.	Samen	z. B. Muskatnuß

Zum Erstaunen des Laien wird aus der Gewürzdefinition auch klar, daß Kochsalz als Mineralsalz nicht zu den Gewürzen gehört. Dies gilt auch für Geschmacksverstärker (Natriumglutamat, Ribotide [IMP, GMP]), Zuckerstoffe oder Säuren.

2.1. Aroma- und Geschmacksträger

Nicht der Nährwert der als Gewürze bezeichneten pflanzlichen Lebensmittel, bestimmt durch den Gehalt von Kohlenhydraten, Eiweiß oder Fett, sondern ihre sogenannten sekundären Pflanzeninhaltsstoffe machen ihren Wert als Gewürz aus. Hierzu zählen vor allem die etherischen Öle, die im Gegensatz zu den fetten Ölen mit Wasserdampf flüchtig sind. Etherische Öle sind oft komplizierte Gemische flüchtiger Verbindungen aus unterschiedlichsten chemischen Stoffklassen (Terpene, Alkohole, Aldehyde, Ketone, Ester, Phenole, Phenolether, Schwefelverbindungen). Nur in seltenen Fällen besteht ein Aroma aus nur einer oder wenigen sensorisch relevanten Komponenten, die für das Geruchsprinzip und den typischen Geschmack eines Gewürzes verantwortlich sind. Das Eugenol der Gewürznelke und das Vanillin der Vanilleschote sind Beispiele für solche Aromastoffe, die man auch als „Impactverbindungen" bezeichnet.

Mit Hilfe der Gaschromatographie lassen sich sehr komplexe Stoffgemische trennen und bestimmen. Daher ist diese Methode besonders auch zur Analytik der etherischen Gewürzöle geeignet.

Als Beispiel hierfür steht das Chromatogramm eines etherischen Kardamomöles (Abb. 1).

Im Chromatogramm des Nelkenöles (Abb. 2) dominiert dagegen deutlich sichtbar das „Eugenol" als Impactverbindung. Neben den weiteren Komponenten „Eugenolacetat" und „β-Caryophyllen" spielen die verbleibenden Aromastoffe nur eine geringe Rolle.

Chromatographiebedingungen

Trennsäule:	DB-5, 30 m × .32 mm, Filmdicke 25 μm	
Detektor:	FID	Detektortemperatur: 280 °C
Injektor:	Split	Injektortemperatur: 220 °C
Trägergas:	Helium (80 kPa)	
Make-up-Gas:	Stickstoff (100 kPa)	
Brenngase:	Wasserstoff (70 kPa) – Luft (150 kPa)	

Temperaturprogramm: 70 °C 8 min, dann 5 °C/min auf 200 °C,
dann 7 °C/min auf 250 °C, 5 min isotherm

Die aromatischen etherischen Öle befinden sich in besonderen Zellen der Gewürzpflanzen. Sie werden in Drüsenhaaren (Blattgewürze), Exkretzellen (z. B. Pfeffer) oder Exkretbehältern unterschiedlichster Form (z. B. kugelig = Nelke, langgestreckt = Kümmel) gebildet oder dort gespeichert.

Daneben sind in einigen Gewürzen Scharfstoffe (z. B. Piperin, Capsaicin, Gingerol), Bitterstoffe (z. B. Acoretin) oder organische Säuren als geschätzte Geschmackskomponenten enthalten.

Eines haben die Gewürze trotz ihrer botanischen und damit auch biochemischen Vielseitigkeit gemeinsam: Durch den Gehalt an Aroma- und Geschmacksstoffen erhöhen sie den Wohlgeschmack und die Verdaulichkeit der Nahrung und tragen damit direkt wie indirekt zu unserem Wohlbefinden bei.

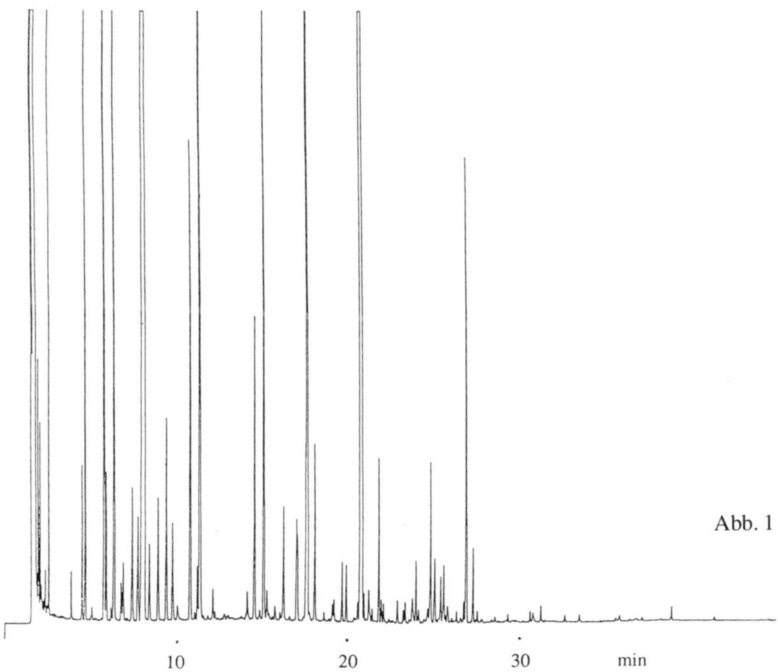

Abb. 1

Abb. 2

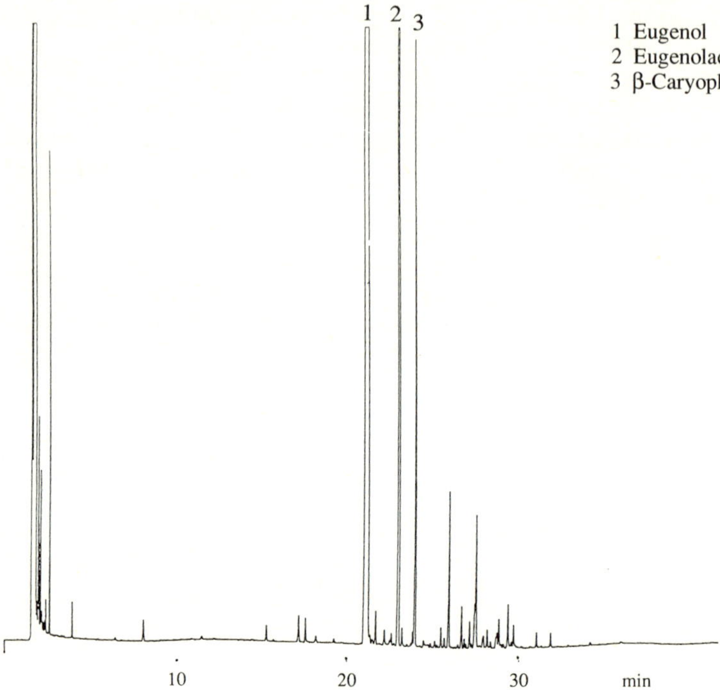

1 Eugenol
2 Eugenolacetat
3 β-Caryophyllen

3. Exotische Gewürze

3.1. Ajowan

Aus Indien stammt eine als Ajowan *(Trachyspermum copticum* L. – *Umbelliferae)* bekannte Gewürzpflanze, die mit dem Kümmel verwandt ist.

Es handelt sich um eine einjährige, krautige Pflanze von 30–60 cm Höhe, die in Mittelasien, Nordafrika und Äthiopien kultiviert wird. Fünf bis 15 kleine weiße Blüten bilden eine Dolde. Aus den Blüten entwickeln sich 4 mm lange und 1 mm breite, dunkelbraune rauhhaarige Früchte, die aromatisch, brennend scharf schmecken und ähnlich wie Thymian duften.

Inhaltsstoffe

Sie enthalten 2,6–4,5% etherisches Öl, das zu 35–60% aus Thymol besteht. Weitere Aromakomponenten sind u. a. α-Pinen, p-Cymen, Limonen und γ-Terpinen.

Weiterhin enthalten die Früchte 25–32% fettes Öl und 15–17% Eiweiß.

Verwendung und medizinische Bedeutung

Die getrockneten und gemahlenen Früchte werden als würzende Zutaten zu Fleisch- und Gemüsespeisen, Suppen und Gerichten verwendet, die über dem Holzfeuer zubereitet werden. Im orientalischen Reisgericht „Pilaw" ist Ajowan ein wichtiges Gewürz.

In der indischen Küche ist er unentbehrlich für Hülsenfruchtgerichte, zahlreiche pikante Zwischenmahlzeiten, wie z. B. knusprig fritierte „Pakoras" (kleine Kuchen aus Eierteig, gefüllt mit Gemüse, Käse oder Fleisch), Würzgebäck oder „Ser" (dünne Spiralen aus fritiertem, gewürztem Kichererbsenmehl).

Ajowanfrüchte werden in Indien wegen des vorhandenen hohen Thymolgehalts auch medizinisch als Antiseptikum und zur Gewinnung des Phenols verarbeitet. Dieses gelangt als Komponente in Zahnpasten oder in Mundwasser.

3.2. Amchur

Die Stammpflanze ist der immergrüne, aus Süd- und Südostasien stammende, bis 40 m hohe Mangobaum (*Magnifera indica* L.) aus der Familie der *Anarcardiaceae* (Sumachgewächse). Die unreifen, grünen, sauer schmeckenden Mangofrüchte werden in Scheiben geschnitten und in der Sonne getrocknet, wobei sie eine hellbraune Farbe annehmen. Aus den getrockneten Fruchtscheiben wird ein Pulver gefertigt, das einen süßsauren, leicht harzigen Geschmack aufweist.

Inhaltsstoffe und Verwendung

Neben grünem Chlorophyll und gelben und roten Carotinoiden (β-Carotin, Lycopin, Zeaxanthin, Auroxanthin u. a.) sind vor allem die Fruchtsäuren Zitronen- und Apfelsäure erwähnenswert. Die über 200 bisher bekannten Aromastoffe stammen aus den Gruppen der Terpene (u. a. Ocimen, Myrcen, Limonen), Alkohole, Aldehyde, Ketone, Lactone und Ester.

Das als Amchur bekannte asiatische Gewürz wird wie Tamarinde als Säuerungsmittel für Chutneys, Curry und Eingelegtes verwendet. Amchur paßt vorzüglich zu Huhn und Fisch und wird gern zur Bereitung würziger Marinaden für gegrillten Fisch, z. B. „Tikkas“ (Fischstücke, am Spieß gegrillt), benutzt.

In der asiatischen Küche werden viele frische Gemüse, z. B. Auberginen, aber auch Kartoffeln, unter Verwendung von Amchur gekocht.

3.3. Anis

Der Anis (*Pimpinella anisum* L.) ist ein aus dem östlichen Mittelmeergebiet und Westasien stammendes einjähriges Doldenblütengewächs *(Apiaceae = Umbelliferae)*, das eine Höhe von bis zu einem Meter erreicht. Heute wird die Gewürzpflanze in der Türkei, in Spanien, Ungarn, Italien, Indien, dem Libanon, in Mittel- und Südamerika und auch in Deutschland kultiviert. Von der Gesamtimportmenge (1988) von 469 t stammten 323 t aus der Türkei. Kleinere Mengen kamen aus Spanien (61 t), Ungarn (33 t), dem Libanon (19 t) und Ägypten (16 t).

Die krautige Pflanze besitzt vielgestaltige Blätter, die bodennah am größten werden und eine ungeteilt herzförmig-rundliche Form zeigen. Weiter oben am Stengel sind sie in mehrere Abschnitte zerteilt (fiederspaltig), und an der Pflanzenspitze sitzen fein gefiederte Blätter. Die gestielten Blütenstände bestehen aus vier- bis neunstrahligen zusammengesetzten Dolden mit kleinen weißen, manchmal leicht rosafarbenen Blütchen. Hieraus bilden sich 3–6 mm lange und 2–2,5 mm breite, fein behaarte Spaltfrüchte, die häufig auch im getrockneten Zustand noch den 2–12 mm langen Stiel tragen.

Die Aussaat erfolgt im April, die Ernte von Mitte August bis Ende September, wenn die Früchte graugrün gefärbt sind. Der Hektarertrag liegt bei 500–700 kg.

Inhaltsstoffe

Anisgeruch und -geschmack werden als angenehm fruchtig, süßlich, kräftig-würzig, kampfer- und lakritzartig beschrieben.

Trans-Anethol ist die Hauptkomponente (80–90%) des mit 1,5–3,0% enthaltenen etherischen Öles, die für die sensorischen Merkmale verantwortlich ist. Weitere Aromastoffe sind u. a. 1–2% Methylchavicol (= Estragol), < 1% Anisaldehyd, Pinen, Limonen, 2% γ-Himachalen. Als charakteristisch für echtes Anisöl gilt ein Anteil von etwa 5% des 2-Methylbuttersäureesters des 4-Methoxy-2-(1-propenyl)-phenols (Abb. 3).

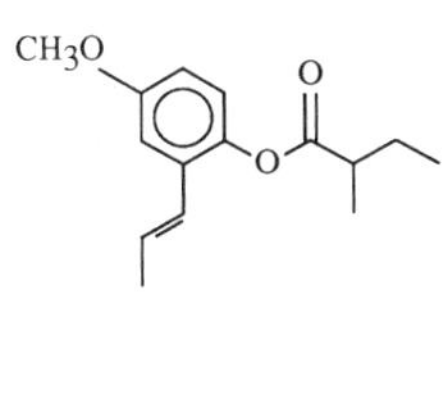

Abb. 3

In Tab. 7 (S. 166) wird die übrige Zusammensetzung der Anisfrüchte gezeigt.

Gute Anisqualitäten zeichnen sich durch hohe Ölgehalte, geringen oder keinen Fremdbesatz und vor allem durch die Abwesenheit von Schierlingsfrüchten aus, die den Anisfrüchten sehr ähnlich sehen, aber das giftige Alkaloid Coniin enthalten.

Verwendung und medizinische Bedeutung

Wie schon im alten Griechenland verwendet man Anis heute als Zutat zu Backwaren (Anisplätzchen) und Brot. Er ist Bestandteil in vielen Gewürzmischungen, z. B. Gurkengewürz, Pflaumenmusgewürz, Wurstgewürz, Curry, und wird als Aromaträger in Süßigkeiten genauso wie im russischen „Allasch“, türkischen „Raki“, griechischen „Ouzo“, spanischen „Pacharan“ oder im französischen „Pastis“ geschätzt.

Anis ist in bengalischen Gemüse- und Fischgerichten eine wichtige Gewürzzutat.

Anistee wirkt wie Fencheltee hustenstillend, krampflösend und günstig bei Magen- und Darmschwäche.

3.4. Asafoetida

Unter den 50 Arten der Gattung „Ferula“, die in den Trockengebieten vom Mittelmeer bis Zentralasien vorkommen, gibt es eine bis zu 4 m hohe Staude (*Ferula asafoetida* L. – *Umbelliferae*), die ein Gummiharz liefert, das man durch Einschneiden der freigelegten, ca. 15 cm dicken Wurzeln gewinnt, wenn die Pflanze 4–5 Jahre alt ist. Der aus den Wurzeln austretende Milchsaft wird an der Sonne getrocknet, wobei er sich rotbraun verfärbt. Die „Ernte“ des Saftes zieht sich über 2–3 Monate hin und ergibt Ausbeuten von ca. 1 kg pro Pflanze. Vor allem im Iran und in den Stein- und Salzwüsten Afghanistans ist die auffallende Staude mit den fast meterlangen Blättern weit verbreitet, und allein in diesen Ländern werden jährlich 500–600 t Asafoetida erzeugt. Über Geschmack läßt sich bekanntlich heftig streiten, und so ist auch das unangenehm stark nach Knoblauch riechende und beißend, bitter und widerlich knoblauchartig schmeckende Gummiharz nicht jedermanns Sache.

Das auch unter den Namen Asant, Stinkasant und Teufelsdreck bekannte Gewürz macht seinen Synonymen alle Ehre.

Inhaltsstoffe

Asafoetida besteht zu 24–65% aus Harz (Asarin), das wiederum 0,6% freies Asaresitannol ($C_{24}H_{34}O_5$) und etwa 60% Ferulasäureester des Asaresitannols enthält. Dieser farblose Ester ist empfindlich und mitverantwortlich für das Verfärben des Milchsaftes während des Trocknens und der Lagerung. Der Harzanteil ist zum Teil verantwortlich für den Geruch und den bitteren, beißenden Geschmack. Mit einem Anteil von 25–30% ist ein aus u. a. Glucuronsäure, Galaktose, Arabinose und Rhamnose bestehendes bassorinartiges Gummi einer der Hauptinhaltsstoffe (der in Wasser unlösliche Anteil des Verdickungsmittels „Tragant“ wird als „Bassorin“ bezeichnet). Das zwischen 6–20% vorkommende etherische Öl enthält, wie aufgrund des knoblauchartigen Geruches zu erwarten, schwefelhaltige Aromakomponenten (Di-, Tri- und Tetrasulfide). Hauptkomponente des Öls ist mit ca. 50% das 2-Butyl-1-propenyldisulfid (Abb. 4).

Bisher konnten neun weitere Sulfide identifiziert werden. Ferner sind auch α-Pinen (14%), Phellandren (6%) und Undecylsulfonylessigsäure (19%) wichtige Aromaträger.

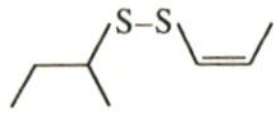

Abb. 4

Verwendung

Im Mittelalter war Asafoetida auch in europäischen Küchen bekannt, in denen das Gewürz heute keine Rolle mehr spielt. So würzte man in Frankreich Hammelfleisch mit dem widerlich riechenden Asafoetida, dessen unangenehme sensorische Eigenschaften beim Kochen allerdings verschwinden.

In Indien ist Asant Zutat zu Soßen, eingelegtem Gemüse, Suppen, vegetarischen Speisen und Fischgerichten. In der Küche Kaschmirs verwendet man ihn für Speisen aus frischem Gemüse mit Fleisch, z. B. Kormas.

Zur besseren Dosierung wird das ergiebige Gewürz häufig durch Stärke- oder Mehlzusatz gestreckt. Da sich Asafoetida nicht mahlen läßt, wird eine Zerkleinerung erst durch Zugabe von Bockshornkleesaat (7:3) ermöglicht. Auch hierdurch wird eine Streckung des intensiven Aromas erreicht.

In winzigen Mengen dosiert, verstärkt Asafoetida andere Aromen. Das meist in asiatischen Spezialitätengeschäften erhältliche Gewürz sollte unbedingt in luftdichten Behältnissen aufbewahrt werden.

Auch *F. alliaceae* Boiss, *F. foetida* Regel und *F. narthes* Boiss. liefern das als Gewürz in einigen Ländern geschätzte Gummiharz.

3.5. Basilikum

(Abb. S. 149)

Ein sehr formenreiches Gewürz ist Basilikum (*Ocimum basilicum* L. – *Lamiaceae* [=*Labiatae*]), das vermutlich in Südasien beheimatet ist, heute in den Subtropen, vor allem aber im gesamten Mittelmeergebiet angebaut wird.

Importe erfolgen vorwiegend aus Frankreich, Italien, Marokko, Ägypten, Bulgarien und Ungarn aus Anbau oder aus Wildsammlungen.

Basilikum ist ein einjähriges, buschiges Kraut von 20–50 cm Höhe. Seine Stengel sind vierkantig, markig oder hohl, meist kahl und im oberen Teil bräunlich gefärbt. Die 3–5 cm langen und 2–3 cm breiten gelblichgrünen Blätter besitzen eine länglich-eiförmige bis fast rhombische Gestalt und einen unregelmäßig gezähnten Blattrand. Zumeist bilden 6 kleine, blau-weißliche Blüten in den Monaten Juni bis September an den Zweigenden Scheinquirle.

In der Kultur des Lippenblütlers unterscheidet man den garten- und feldmäßigen Anbau. Im ersten Fall erfolgt nach der Aussaat in ein Frühbeet das Umpflanzen ins Freiland, im anderen Fall wird direkt in das Feld ausgesät.

Folgende Varietäten werden häufig angebaut: var. *glabratum* Benth., subvar. *vulgare* Abf., subvar. *purpurascens* Benth. und subvar. *difforme* Benth., die sich nicht nur durch die Zusammensetzung ihrer Inhaltsstoffe, sondern auch morphologisch und durch ihre Färbung unterscheiden.

Die Ernte erfolgt mehrmals jährlich manuell oder maschinell, wobei Erträge von 15–20 t Frischkraut pro Hektar möglich sind. Nachdem die Pflanzen im Schatten an der Luft oder in Trocknern getrocknet worden sind, streift man die Blätter sowie die Stengelspitzen mit Blüten vom Stengel ab, was der Fachmann als „Rebeln“ bezeichnet.

Inhaltsstoffe

In den Drüsenhaaren der Blätter befinden sich 0,04–0,8% eines etherischen Öles, das dem gerebelten Gewürz seinen angenehmen Geruch und seinen scharf würzigen, leicht salzigen Geschmack verleiht. Die große Schwankungsbreite erklärt sich durch die starke Abhängigkeit von Sorte, Chemotyp, Herkunft und Erntezeitpunkt. Die Hauptkomponenten des Öls sind Linalool (in einigen Typen bis 75%), Methylchavicol (= Estragol) bis 87% und Eugenol bis 20% Anteil. Weitere Monoterpene (Cineol, Ocimen

u. a.), Sesquiterpene und Phenylpropane (z. B. Methylcinnamat) runden das Aroma ab.

Die als Mittelmeertyp bezeichnete Qualität besitzt folgende Ölzusammensetzung: 40% Linalool, 25% Methylchavicol, Cineol, Eugenol, Geraniol, jedoch keinen Kampfer oder Methylcinnamat. Eine chemische Unterscheidung von anderen Varietäten ist also leicht gaschromatographisch möglich.

Tab. 7 (S. 166) stellt die Zusammensetzung der Hauptinhaltsstoffe des Basilikums in der Übersicht dar.

Verwendung und medizinische Bedeutung

Basilikum gehört zu den empfindlichsten Gewürzkräutern, die schon beim Trocknen erhebliche Aromaverluste erleiden. Diese Verluste steigern sich beim Vermahlen, so daß das Kraut am besten frisch oder gerebelt verwendet wird. In Frankreich und in Griechenland schätzt man das Gewürz besonders und würzt damit Rohkostspeisen, Salate, Gemüse, Fleisch- und Fischgerichte, Soßen (vor allem auf Olivenöl- oder Sahnebasis) und Suppen. Auch in der Hamburger Aalsuppe ist Basilikum eine wichtige Zutat. Das Gewürz paßt hervorragend zu Tomaten, Tomatenprodukten und Auberginen, aber auch als würzende Zutat zu Leberwurst, Kräuterbutter und eingelegten Gurken.

In der Fischkonservenindustrie wird das Kraut verarbeitet, und die Kosmetikindustrie verwendet das etherische Öl als Zutat für Parfümerie und Kosmetik.

Tip: Basilikum nur in kleinen Mengen verwenden. Bei gekochten Speisen das Gewürz erst kurz vor Beendigung des Garens zusetzen. In Kombination mit Koriander, Bohnenkraut oder Rosmarinblättern verstärkt sich die Würzkraft des Krautes.

In der Volksmedizin wird Basilikum als Stomachikum bei Appetitlosigkeit, als Karminativum bei Blähungen und Völlegefühl und Adstringens bei Entzündungen des Rachenraumes eingesetzt.

3.6. Beifuß

Der in Asien beheimatete, jedoch schon seit langer Zeit in den gemäßigten Zonen der nördlichen Halbkugel verbreitete Beifuß (*Artemisia vulgaris* L. – *Asteraceae*) wird vor allem in den Balkanstaaten, Frankreich, der UdSSR und auch in Deutschland kultiviert bzw. stammt aus Wildvorkommen. Bei dem ausdauernden Gewürz handelt es sich um eine Staude mit kantigen, stark verzweigten, mehr oder weniger flaumig-behaarten, 60–120 cm hohen Stengeln, die durch Anthocyanfarbstoffe bläulich gefärbt sind. Die 5–10 cm langen Blätter, die am Rande oft eingerollt sind, zeigen eine kahle, dunkelgrüne Oberseite und eine weißfilzige Unterseite. Im Spätsommer blühen in den zahlreichen kleinen Blütenkörbchen nur wenige dunkelgelbe Blüten.

Beifuß läßt sich über seine Samen oder aber durch ein- bzw. mehrfache Teilung der Wurzelstöcke auch vegetativ vermehren. Die Ernte der Pflanze erfolgt kurz vor der Blüte, da bei voller Blüte bereits ein unangenehmer, starker Bittergeschmack auftritt, der unerwünscht ist und im verwandten Wermut (*Artemisia absinthium* L.) noch intensiver ausgeprägt ist.

Als Gewürz verwendet man das obere Pflanzendrittel, das gebündelt im Schatten oder aber künstlich getrocknet wird. Grobe Stengelanteile und größere Blätter werden entfernt. Die im Handel angebotene grob zerkleinerte Ware enthält neben Stengelanteilen, die stark markhaltig sind, Teile der Blütenstände und Blütenköpfchen und stark miteinander verfilzte Blatteile.

Diese Verfilzungen, die durch den dichten Haarfilz der Blattunterseite bedingt sind, werden vom Verbraucher häufig als Qualitätsmangel (Insektenbefall o. ä.) gedeutet und zu Unrecht beim Hersteller reklamiert.

Inhaltsstoffe

Der aromatische Geruch und der würzige, leicht bittere Geschmack des Beifuß wird im wesentlichen durch die folgenden Inhaltsstoffe erklärt. Im etherischen Öl, das mit 0,03–0,3% nur in sehr geringen Mengen enthalten ist, konnten bisher über 100 verschiedene Aromakomponenten in qualitativ-quantitativ variabler Zusammensetzung festgestellt werden. Dies sind u. a. 1,8-Cineol, Kampfer, Linalool, Thujon, 4-Terpineol, Borneol, α-Cadinol, Spathulenol sowie 21 irregulär gebaute Monoterpene und 3 Sesquiterpenlactone (u. a. Vulgarin). Weitere Inhaltsstoffe sind Cumarine (1,9%), Sterine, Flavonoide und Carotinoide.

Verwendung und medizinische Bedeutung

Beifuß ist das Gewürz für fette Speisen, besonders empfehlenswert zu Gänse-, Enten- und Schweinebraten, zu Fisch (Aal), aber auch für Soßen und als Zutat zu Salat und Rohkost bestens geeignet.

In der Volksmedizin schätzt man die Droge als magenstärkendes, krampfstillendes und harntreibendes Mittel. Für das etherische Öl wurde eine beträchtliche Wirkung als Repellent (Stoff, der z. B. gegenüber Insekten abstoßend wirkt) sowie antibakterielle und antifungische Aktivitäten nachgewiesen.

Aus der Beifußart *Artemisia annua,* einer alten chinesischen Krautdroge, ist das Artemisin isoliert worden, das sich in breit angelegten pharmakologischen, toxikologischen und klinischen Prüfungen als wirksames Antimalariamittel erwiesen hat, wobei es wirksamer ist als die bekannten Chloroquin und Chinin, ohne jedoch unerwünschte Nebenwirkungen zu zeigen.

3.7. Echter Bergkümmel

Ein noch weitgehend unbekanntes Gewürz aus der Familie der *Umbelliferae* ist der „Echte Bergkümmel“ (*Laser trilobum* [L.] Borkh.), eine mehrjährige, krautige Pflanze, die in der Türkei kultiviert wird und dort „Kefe Kimyonu“ heißt.

Der ursprünglich aus Südosteuropa, Kaukasien, Iran und Kleinasien stammende, dem Kümmel ähnliche Bergkümmel wächst in den meisten Regionen der Türkei auch wild. Die Früchte besitzen eine längliche Form und zeichnen sich, wie andere Früchte aus dieser Familie, durch mehrere in Längsrichtung verlaufende erhabene Hauptrippen aus. Ihre Länge beträgt zwischen 7–8 mm und die Breite 3–4 mm.

Das in relativ großen Mengen (bis zu 8%!) enthaltene etherische Öl weist die zwei Hauptkomponenten Limonen und Perillaldehyd auf, die mit Anteilen von 60% bzw. 32% stark dominieren.

Die getrockneten Früchte werden in der türkischen Küche, ähnlich wie der bekanntere Kreuzkümmel, verwendet.

3.8. Bockshornkleesamen

Bockshornklee (*Trigonella foenum-graecum* L.) gehört als Leguminose zur Familie der *Fabaceae*, ist im Mittelmeergebiet, in der Ukraine, in China und Indien heimisch und wird vor allem aus Marokko, China, der Türkei und Indien, als den Hauptlieferanten, bezogen.

Das 30–50 cm hohe Kraut wächst einjährig und besitzt blaßgelbe, am Grunde hellviolette Blüten, aus denen sich bis zu 20 cm lange Hülsenfrüchte entwickeln, die vorn in einem mehrere Zentimeter langen Schnabel ausgezogen sind. Die Früchte enthalten zahlreiche (10–20) 3–5 mm lange, 2–3 mm breite und dicke, sehr harte, hellbraune oder rötliche bis gelblichgraue Samen, die oft rhomben- oder flach rautenförmige Gestalt besitzen.

Inhaltsstoffe

Der typische Bockshornsamengeruch soll vom im etherischen Öl enthaltenen 3-Hydroxy-4,5-dimethyl-2(5H)-furanon (Abb. 5) hervorgerufen werden. Daneben sind in der nur ca. 0,015% ausmachenden wasserdampfflüchtigen Fraktion weitere 50 Verbindungen enthalten, von denen bisher etwa 40 identifiziert werden konnten. Hierzu zählen n-Alkane (Undecan bis Hexadecan), Sesquiterpene, Alkanole und Lactone.

Der Bittergeschmack des Gewürzes dürfte von Furostanolglykosiden ausgehen. Ferner sind 0,1–0,4% Trigonellin, Foenugraecin (Abb. 6), ein Tripeptidester des Diosgenin, Nikotinsäureamid, Sterole und Flavonoide als sekundäre Inhaltsstoffe erwähnenswert.

Aus Tab. 7 (S. 166) geht die weitere Zusammensetzung der Bockshornkleesaat hervor.

Verwendung

Wegen seines eigenartigen „Bocksgeruches" wird das Gewürz vorwiegend als Komponente in Mischungen wie Currys oder anderen scharf

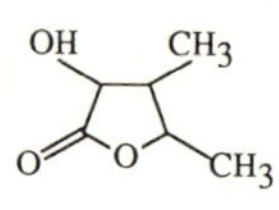

Abb. 5

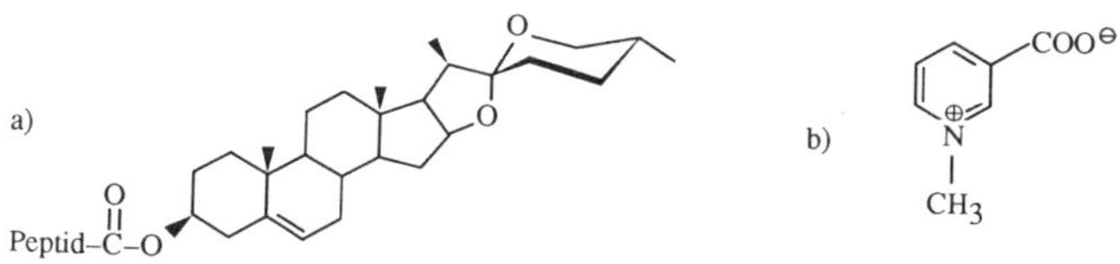

Abb. 6
a) Foenugraecin
b) Trigonellin

schmeckenden Zubereitungen verwendet. In der Küche Ägyptens sowie in asiatischen Ländern nimmt die Saat ein besondere Rolle ein und ist ein häufig verwendetes Gewürz. In den Alpenländern wird Bockshornkleesaat zum Würzen eines speziellen Käses benutzt. Auch eignet sie sich zum Aromatisieren von Brot und paßt besonders zu Chutneys und sauer Eingelegtem. Durch „Toasten“ wandelt sich der Geruch der Saat in ein angenehmes Aroma. Dieser Tatsache trägt man in Indien Rechnung, wo viele Hausfrauen einen Teil ihrer Curryzutaten vor dem Mischen in der Pfanne erhitzen, um besondere Geschmacksnuancen zu erzeugen.

Medizinische Bedeutung

Äußerlich verwendet man Bockshornkleesaat in Form von Breiumschlägen zur Behandlung von Furunkulosen, entzündlichen Verhärtungen und Ekzemen. Neben der antiphlogistischen Wirkung konnten ferner virustatische und kardiotone Eigenschaften nachgewiesen werden. Wäßrige Extrakte zeigen eine stimulierende Wirkung auf den Uterus und den Darm.

Bockshornkleesaat hat aber auch als mögliche Quelle zur Diosgeningewinnung, für die Produktion von Steroidhormonen, das Interesse der pharmazeutischen Industrie gefunden.

3.9. Bohnenkraut (Abb. S. 149)

Das aus dem östlichen Mittelmeergebiet bis zum Iran stammende Bohnenkraut oder Gartenbohnenkraut (*Satureja hortensis* L. – *Labiatae*) hat sich heute im gesamten Mittelmeerraum, aber auch in Mitteleuropa, Westasien, Indien, Südafrika und Nordamerika eingebürgert. Das einjährige, in Kultur auch zweijährige, bis 50 cm hohe, buschig verzweigte Kraut besitzt einen unten verholzten, nach oben violett gefärbten Stengel mit flaumiger Behaarung. Die schlanken Blätter sind bis zu 3 cm lang und nur 4 mm breit, ganzrandig, am Ende stumpf, und tragen beidseitig zahlreiche Drüsenschuppen.

Die Aussaat erfolgt von März bis Juni, die Ernte kurz vor oder während der Blütezeit im Spätsommer bis Herbst. Das geschnittene Kraut wird schonend getrocknet und behält bei guter Lagerung seine Würzkraft, die beim Vermahlen jedoch weitgehend verlorengeht.

Die gerebelte, grob geschnittene oder frisch vermahlene Ware besitzt einen aromatisch-würzigen Geruch und einen scharfen pfefferartigen Geschmack. Aus diesem Grunde dient Bohnenkraut vereinzelt als Pfefferersatz.

3.9.1. Karstbohnenkraut

Ein Verwandter des Bohnenkrautes ist das Karst- oder Winterbohnenkraut (*Satureja montana* L.), ein wintergrüner ausdauernder Halbstrauch, der im gesamten Mittelmeergebiet verbreitet vorkommt und ähnlich wie Gartenbohnenkraut verwendet wird. Inhaltsstoffe und Zusammensetzung entsprechen weitgehend denen des Bohnenkrautes.

Inhaltsstoffe

Der etherische Ölgehalt schwankt zwischen 0,3–3,0% im Gewürz und liegt bei höchstens 0,15% in den Stengeln. Eine stengelreiche Qualität ist also in jedem Fall als minderwertig zu betrachten. Mit 30–45% ist Carvacrol neben p-Cymen mit bis zu 30% und α-Pinen mit bis zu 8% Anteil Hauptkomponente des Öls. Ferner konnten u. a. Dipenten, Thymol, Borneol, l-Linalool, Terpineol und l-Carvon nachgewiesen werden.

Die Zusammensetzung der primären Inhaltsstoffe ist in Tab. 7 (S. 166) dargestellt.

Verwendung

Bohnenkraut ist auch bei uns ein sehr beliebtes Gewürz und dient zum Würzen von Bohnengerichten, Gemüsen, Salaten, Suppen und Soßen. Aber auch als Wurstgewürz und als Zutat zu fetten Fleischspeisen spielt das Bohnenkraut eine wichtige Rolle.

Schließlich verwendet man es für Füllungen, Pasteten und als Zutat in Gewürzmischungen (z. B. Einlegegewürz für Gurken, Fines herbes).

Tip: Die Würzintensität des Bohnenkrautes ist enorm, daher ist vor einer Überwürzung dringend zu warnen. Eine mäßige Zugabe des Gewürzes erst kurz vor Ende der Garzeit ist empfehlenswert, damit man auch die Bohnen noch schmeckt und das Gewürzaroma nicht völlig den Geschmack der Speise überdeckt.

3.10. Capsicumgewürze

(Abb. S. 150)

Die Gattung „Capsicum“ *(Solanaceae)* besteht aus ca. 30 Spezies, von denen jedoch lediglich eine Handvoll kultiviert werden:

C. annuum L. – weltweit, *C. frutescens* L. – weltweit, *C. chinense* N. Jacq. – Süd- und Mittelamerika, *C. baccatum* L. und *C. pubescens* Ruiz & Paron – beide in Afrika und Asien. Die Gewürze dieser Gattung sind der Gewürzpaprika und die Chillies, die zusammen eine sehr große wirtschaftliche Bedeutung haben.

Die Importmenge für die Bundesrepublik lag 1988 bei 8 065 t, und damit nehmen die Capsicumfrüchte hinter Pfeffer Platz 2 der Gewürz-Einfuhrstatistik ein.

Beide Gewürze stammen ursprünglich aus Südamerika und werden im weiteren zur besseren Übersicht getrennt behandelt.

3.10.1. Chillies

Unter dem Begriff „Chillies“ versteht man die je nach Kultivar und Provenienz in Größe, Farbe und Schärfe unterschiedlichen getrockneten, ganzen Beerenfrüchte (Chilischoten) verschiedener Capsicumarten. Als Cayennepfeffer wird häufig das aus den getrockneten Früchten hergestellte Mahlprodukt bezeichnet. Neben ganzen und vermahlenen Früchten werden auch geschnittene Chillies gehandelt.

Heute hat sich die Produktion von „hot chillies“ (scharfe Chillies) von Südamerika vor allem nach Asien (Indien, Pakistan, China, Thailand u. a.) und Afrika (Nigeria, Kenia, Uganda u. a.) verlagert. Im Gegensatz zur Weltproduktion von ca. 650 000 t steht ein vergleichsweise bescheidener Welthandel. So erreicht Indien, als Land mit dem größten Ernteaufkommen, lediglich eine Exportquote von 3%.

Die Bundesrepublik importierte 1988 vor allem aus China (394 t), Pakistan (162 t) und Indien (40 t).

Einen Überblick über die Handelssorten und ihre Herkunft gibt Tab. 1.

Die reifen Früchte von *C. frutescens* stehen im Gegensatz zu denen anderer Capsicumspezies aufrecht und hängen nicht herab. Sie sind leuchtend rot, für gewöhnlich klein (0,7–3,0 cm) und von schmalem Durchmesser (0,3–1,0 cm). Es sind aber auch größere und rundere Fruchtformen bekannt. Die Heimat von *C. frutescens* wird im Quellgebiet des Amazonas vermutet, von wo in der nachkolumbianischen Zeit eine Verbreitung über die gesamten Tropen stattfand. Heute wird die buschige Pflanze, die zwei

Tabelle 1. Chillies bzw. Capsicum spp.
Die im Handel vorkommenden Qualitäten sind in dieser Tabelle in Gruppen und nach abfallender Schärfe geordnet [nach 12].

Schärfe	Herkunft	Name	Bemerkungen
extrem scharf	Uganda Japan Papua China	Mombasa- Bird's Eye- Fukien Rice- Chillies	Typen für Pharmazie und Extraktion (Oleoresin)
sehr scharf	Carolina Sansibar Sierra Leone Louisiana Solomon-Inseln Kenia Tansania Mexiko	Bahamian- Sansibar- Sierra Leone- Tabasco-Typ Ostafrika- Chillies Bird Pepper	Mahlqualitäten zur Herstellung von Cayennepfeffer und für Eingelegtes und Pfeffersoßen
scharf	Louisiana Japan Carolina Äthiopien Nigeria Türkei Indonesien Bangladesch	Louisiana Sport Pepper Santaka- bzw. Hontaka- Capsicum Carolina Hot- Pepper Äthiopien- Nigeria- Türkei- Indonesien- Capsicum	Mahlqualitäten und zur Oleoresinherstellung bzw. für Eingelegtes
mild scharf	Mexiko Kalifornien Pakistan China	Chile Ancho Anaheim Dandicut Cherry Liling-Typ	Herstellung von Chilipowder

bis drei Jahre alt wird und Höhen von 0,5–1,5 m erreicht, weltweit in den warmen Klimazonen kultiviert.

Chillifrüchte enthalten zahlreiche gelblich bis hellbraun gefärbte Samen, die zur Fortpflanzung dienen. 6–7 Wochen nach der Aussaat werden die kleinen Setzlinge ins Freie ausgepflanzt, und schon nach weiteren drei Monaten setzt die Fruchtreife ein. Da keine zeitgleiche Reife der Beeren erfolgt, sind mehrere Pflückungen innerhalb von zwei Wochen notwendig. Zur Nachreife werden die Früchte einige Tage gelagert und anschließend in der Sonne zum Trocknen ausgebreitet (8–15 Tage). Beim Trocknen gehen bis 75% des Frischgewichts verloren. Nur in den Südstaaten der USA wird auch die künstliche Trocknung bei 50–60 °C angewandt, die zu sehr hochwertigen Produkten führt. Qualitätsware besitzt eine kräftig rote Farbe, große Schärfe, ist frei von Insektenbefall, Schimmel und Verunreinigungen und enthält nur geringe Anteile beschädigter Früchte.

Inhaltsstoffe

Die große Schärfe, die das Aroma dieses Gewürzes weitgehend unterdrückt, wird durch einige Alkaloide (Capsacinoide – Abb. 7) verursacht, von denen das Capsaicin mit 68% Anteil, gefolgt von Dihydrocapsaicin (27%), stark dominiert. In kleinen Mengen sind Nordihydrocapsaicin, Homocapsaicin und Homodihydrocapsaicin enthalten. Diese Scharfstoffe, die noch in einer Verdünnung von 1 : 200 000 auf der Zunge wahrnehmbar sind, finden sich in höchster Konzentration in der Plazenta, während die Fruchtwand selbst nur einen geringen Gehalt aufweist. In den roten Früchten ist zwischen 0,15–0,5% Capsaicin enthalten.

Als Regel für die Einschätzung der Schärfe gilt: Je kleiner die Frucht, desto größer ist die Schärfe. Die für die Farbe verantwortlichen Carotinoide kommen in Chillies in Konzentrationen zwischen 0,2–0,5% vor. Näheres hierzu findet sich im Unterkapitel „Paprika". Die weitere Zusammensetzung der Chillies ist der Tab. 7 (S. 166) zu entnehmen.

Verfälschungen, wie das Auffärben des Gewürzpulvers mit künstlichen Azofarbstoffen oder die Erhöhung der Schärfe durch Zugabe von z. B. n-Vanillylnonamid, dem Capsaicin strukturell sehr ähnlich, jedoch wesentlich billiger synthetisierbar, oder aber die unerlaubte Zugabe von Antioxidationsmitteln zur Farbstabilisierung, lassen sich analytisch leicht feststellen und sind daher in der Praxis ohne große Bedeutung.

Verwendung

Die grüne, unreife Frucht, die eingelegt gehandelt wird, finden wir als Peperoni auf italienischen Pizzen oder als Zutat mediterraner Salate vor. Chillies bilden die Basis verschiedener Soßen und Dips (Hiosin [China], Harissa [Tunesien], Chilisoße [Karibik], Salsa Cruda [Lateinamerika], Tabasco [USA]).

Eingelegte Gemüse, Chutneys und andere Beilagen, wie indonesische Samballan, enthalten ebenfalls häufig dieses Gewürz.

Die Chillischärfe wird vor allem in den Ländern als Bereicherung der

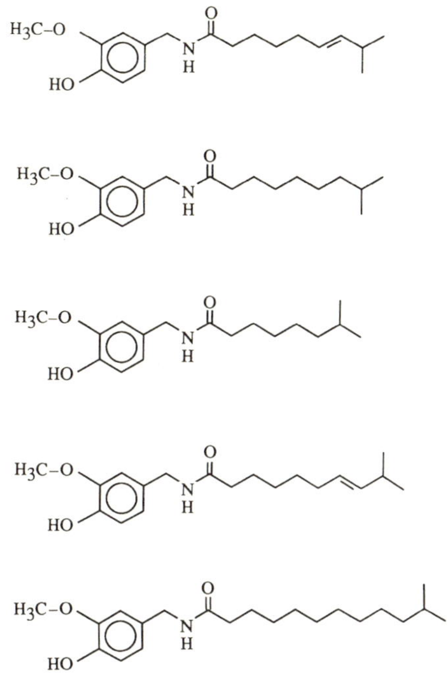

a) b) c) d) e)

Abb. 7
a) Capsaicin, b) Dihydrocapsaicin, c) Nordihydrocapsaicin, d) Homocapsaicin, e) Homodihydrocapsaicin

täglichen Speise geschätzt, wo Reis, Mais oder Bohnen fast täglich auf der Speisekarte stehen und so die Gefahr einer geschmacklichen Monotonie besteht. In der karibischen Küche (Pfeffer-Eintopf – Trinidad, Pfeffer-Suppe – Jamaica), in der lateinamerikanischen Küche sowie in vielen Teilen Afrikas und des Nahen Ostens werden Fleisch-, Geflügel-, Eier- und Fischgerichte mit Chillies gewürzt. In Indien wird seine Schärfe in Ingwer- und Knoblauchpasten geschätzt, mit denen Fleisch zubereitet wird.

In unseren Breiten ist das Gewürz Zutat bei der Herstellung von Fischwaren, Gewürzgurken oder Mixed Pickles. Gemahlen findet es Verwendung in vielen Mischgewürzen für Wurstwaren (Mortadella, Leberwurst u. a.) und ist wichtiger Bestandteil im Curry.

Die auch bei uns als „Chili-Powder“ bekannte Gewürzmischung ist eine Spezialität aus mildscharfen Ancho-Chillies und verschiedenen anderen Gewürzen (Kumin, Knoblauch, Oregano u. a.).

„Chili con carne“ schließlich ist als mexikanische Spezialität weltweit bekannt und auch in Europa als pikant-scharfes Gericht beliebt.

Medizinische Bedeutung

Entgegen vielen Vorurteilen ist Chilli ein sehr gesundes Gewürz. Es regt den Kreislauf an und erhöht dadurch das Wohlbefinden. Nach Aufnahme des Gewürzes konnte ein erhöhtes Herzschlagvolumen, eine Vermehrung der Speichelmenge und eine Steigerung seiner Fermentaktivität festgestellt werden. Im Darm wirkt das Gewürz antibakteriell, reduziert die Gefahr von Thrombosen und beugt in heißen Ländern durch seine schweißtreibende Schärfe einer Überhitzung des Körpers vor. Häufig wird beim Verzehr von scharf gewürzten Speisen beobachtet, daß die Nasenschleimhäute eine besondere Aktivität entwickeln, was sich in Form der „laufenden Nase“ ausdrückt, die Augen zu tränen beginnen und man regelrecht ins Schwitzen gerät. Hierbei handelt es sich um die Symptome einer allergischen Reaktion. Scheinbar gibt es Wechselwirkungen zwischen scharf schmeckenden Gewürzinhaltsstoffen, z. B. Capsaicin, mit Rezeptorstellen innerhalb des Mundes, bzw. sie initiieren die Freisetzung von Neuropeptiden (Botenstoffe des Nervensystems), die wiederum auf die Aktivitäten der nasalen Schleimhäute und verschiedener Drüsen einwirken.

Als wirksames Mittel gegen die unangenehmen Nebenerscheinungen beim Verzehr scharfer Speisen haben sich atropinhaltige Nasentropfen erwiesen.

Äußerlich angewandt, bewirkt das Capsaicin Hautreizungen, verbunden mit Erwärmung des darunter liegenden Gewebes (Rheumapflaster).

Abschließend sei dringend vor jeglichem **direkten Kontakt** des Gewürzes mit Mund- oder Augenschleimhäuten gewarnt!

3.10.2. Paprika

Gewürzpaprika (*C. annuum* L.) wird heute vor allem in Spanien, Ungarn, Marokko, Jugoslawien, Bulgarien, Brasilien und den USA angebaut. Jährlich werden ca. 50 000 t Gewürzpaprika erzeugt. Ungarn (2 503 t),

Spanien (2 086 t), Brasilien (1 189 t) und Jugoslawien (709 t) waren 1988 die Hauptlieferländer für den deutschen Markt.

Die einjährige Pflanze bildet bis zu 1 m hohe, verzweigte Büsche, deren Blätter mittel- bis dunkelgrün gefärbt sind und an relativ langen Stielen sitzen.

Die Blüten, die nur selten zu zwei oder drei zusammenstehen, sind denen der Kartoffel- oder Tomatenpflanze (beide ebenfalls *Solanaceae*) ähnlich. Aus den gelblich-weißen Blüten bilden sich die länglichen, konischen oder kegelförmigen, oft 7–15 cm langen und 3–5 cm breiten, glatten, leuchtend roten Beerenfrüchte. Anbau und Gewinnung von Paprika erfolgt wie bei den Chillies. Auch hier schließt sich an die Ernte eine Nachreifung an, während der sich eine höhere Konzentration rot gefärbter Komponenten (Capsanthin, Capsorubin – Abb. 8) innerhalb des komplexen Carotinoid-Farbstoffgemisches entwickelt.

Die nachgereiften Früchte werden gewaschen und grob vorzerkleinert in Bandtrocknern getrocknet. Erst bei Bedarf wird aus der „Halbware" in den Paprikamühlen das Paprikapulver hergestellt.

Inhaltsstoffe

Die Farbstoffe Capsanthin und Capsorubin machen 60–80% der Gesamtfarbstoffmenge des Gewürzes aus. Der als Capsanthin berechnete Gehalt liegt je nach Qualität zwischen 1–4 g/kg. Im Farbstoffgemisch wurden bisher über 25 Substanzen identifiziert. Die meisten der Carotinoide liegen mit Fettsäuren verestert vor. Die relativen Prozentgehalte der wichtigsten Paprikafarbstoffe sind in Tab. 2 dargestellt.

Ungarischer Paprika gilt als beste Qualität. Die staatlich festgesetzten Handelssorten und ihre Merkmale sind in Tab. 3 zusammengestellt. Erwähnenswert ist der hohe Vitamin-C-Gehalt des Paprikapulvers, der zwischen 30 mg/100 g (Rosenpaprika) und 100 mg/100 g (Delikateßpaprika) liegt.

Der Capsaicingehalt liegt im Vergleich zu Chillies niedrig. So enthält der scharfe Rosenpaprika etwa 40 mg/100 g, Delikateßpaprika lediglich etwa 8 mg/100 g. Der Geschmack des Paprikas wird von Scharf- und Zuckerstoffen, aber auch von sehr geringen Mengen (bis 0,6%) etherischen Öls bestimmt. Hauptkomponenten des Öls sind langkettige Kohlenwasserstoffe (C_9–C_{16}), Fettsäuren sowie deren Methylester.

Außerdem ist im Paprika ein als Capsicidin bezeichnetes antibiotisch wirksames Gemisch von Steroidsaponinen nachgewiesen worden.

a)

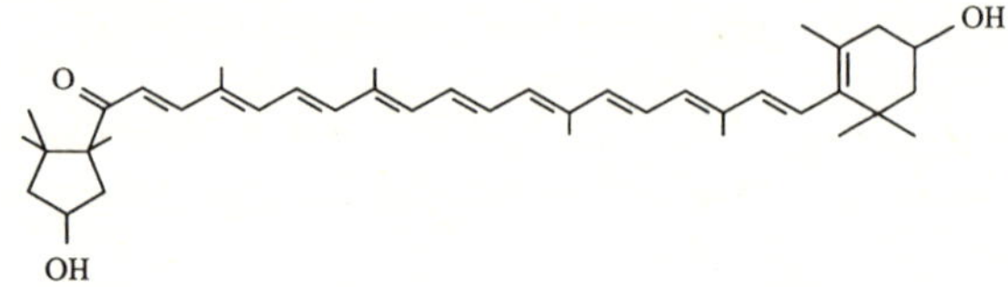

b)

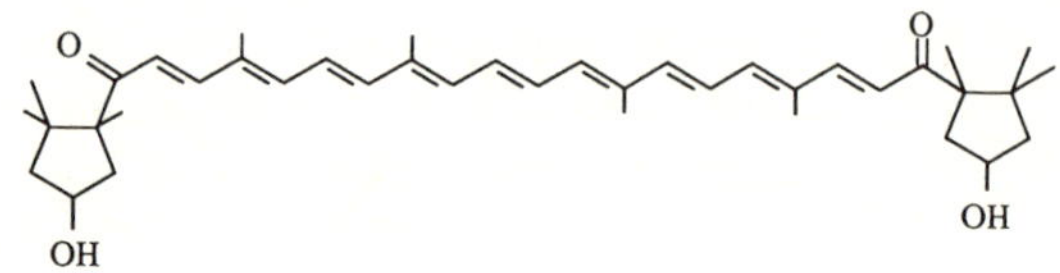

Abb. 8
a) Capsanthin, b) Capsorubin

Verwendung

Paprikapulver gehört zu den beliebtesten Gewürzen und findet bei der Zubereitung von Suppen, Soßen, Fleisch, Fisch, Geflügel, Ragouts, Gulasch, Pizza, Pilzen, Nudeln, Reis sowie in vielen Bereichen der industriellen Lebensmittelherstellung (z. B. Wurstwarenherstellung) Verwendung. Schließlich ist Paprika eine wichtige Komponente in vielen Mischgewürzen und ein traditionell wichtiger Bestandteil sowohl in ungarischen

Tabelle 2. Relative Prozentgehalte der wichtigsten Paprikafarbstoffe.

Farbstoff	%
Capsanthin	32–38
β-Carotin	12–18
Violaxanthin	7–10
Cryptoxanthin	4–12
Capsorubin	7–10
Cryptocapsin	2– 5
Zeaxanthin	2– 6
Antheraxanthin	2– 9
Capsanthin-Epoxid	1– 4

Gerichten als auch in spanischen Eintöpfen aus Meeresfrüchten (Zarzuela).

Die positiven Wirkungen auf den menschlichen Organismus, wie sie im Unterkapitel „Chillies“ beschrieben wurden, gelten auch für den Gewürzpaprika.

Küchentip: Paprika niemals in siedendes Fett geben, da der enthaltene Zucker dunkelbraunes Karamel bildet und sich ein bitterer Geschmack entwickelt.

Tabelle 3. Ungarische Qualitätsanforderungen an Paprika.

Qualität	„Spezial"	„Capsaicinfrei"	„Delikateß"
Verwendbare Paprikafrucht	erstklassig, an der Pflanze voll ausgereift, ausgelesen, fehlerfrei	von Natur aus schärfefrei, reif, gesund	reif, erstklassig ausgelesen, fehlerfrei
Farbe	lebhaft rot, feurig, seidig, rein	lebhaft rot, etwas gelbstichig, rein	lebhaft hell- oder dunkelrot, rein
Geruch	—	—	würzig
Geschmack	nicht oder kaum spürbar scharf, sehr aromatisch	völlig schärfefrei, süß, aromatisch, etwas charakteristisch bitterlich	kaum spürbar scharf, aromatisch
Wassergehalt	bei allen Güteklassen 10%		
Aschegehalt %	6,0	6,0	6,0
10%ige HCl-unlöslicher Anteil der Asche	0,3	0,4	0,5
Etherischer Auszug	13,0	14,0	15,0

Tabelle 3. (Fortsetzung)

„Edelsüß"	„Halbsüß"	„Rosen"	„Scharf"
ausgelesen, reif, fehlerfrei	von jedweder Ernte, reif, unverdorben, gesund	später geerntet und bei den besseren Qualitäten abfallend, aber gut gereinigt. Mit eigenem „Csuma" und zugelassenen Nebenprodukten gestreckt	den vorigen Qualitäten nicht entsprechende, bunte, fehlerhafte Früchte. Darf mit gereinigtem „Csuma" und Nebenprodukten gestreckt werden
stumpfer als vorangehend, dunkler rot oder lebhaft gelblich rot	schlechter als bei Sorte „Edelsüß" oder gelblichrot	weniger lebhaft und rein als die Sorte „Halbsüß", dunkel- oder gelblichhellrot	helle Farbtöne von bräunlich-rot bis grünlich-grau oder grüngelb
—	—	—	—
aromatisch, nur wenig scharf	charakteristisch, schärfer als die Sorte „Edelsüß"	charakteristisch, stark scharf	sehr stark scharf
bei allen Güteklassen 10%			
6,5	7,0	8,0	10,0
0,5	0,7	0,8	1,5
16,0	17,0	nicht vorgeschrieben	

3.11. Curryblätter

(Abb. S. 151)

3.11.1. Murraya

Curry ist, wie der Gewürzkenner weiß, kein Einzelgewürz, sondern eine Gewürzmischung, die aus sehr vielen verschiedenen Gewürzzutaten besteht. Dennoch gibt es einen kleinen Baum (*Murraya koenigii* Spreng. – *Rutaceae*), der in den tropischen und subtropischen Zonen Ostasiens beheimatet ist, dessen scharf-aromatisch schmeckende, bis zu 5 cm lange und 2 cm breite Blätter als „Curryblätter“ bezeichnet werden.

Vor allem in Indien werden die frischen oder getrockneten Blätter als Gewürzzutat zu Currygewürz, Fleisch- und Reisspeisen sowie für Chutneysoßen verwendet. Sie entfalten im getrockneten, zerkleinerten Zustand ihr Aroma am wirkungsvollsten, wenn sie von Anfang an mitgekocht oder in Öl angebraten werden.

Inhaltsstoffe

Der etherische Ölgehalt der frischen Blätter liegt bei 2,6%. Es besteht aus 48 quantitativ dominierenden Substanzen, von denen bisher gut 30 vollständig identifiziert werden konnten. Hierzu gehören u. a. β-Caryophyllen, β-Gurjien, β-Elemen, β-Ocimen, Selenin, Limonen, β-Thujan, β-Bisabolol und γ-Cadinen.

3.11.2. Pandanus

Aus Indien und Sri Lanka stammt der Schraubenbaum (*Pandanus tectorius* L. – *Pandanaceae*), der vor allem in den tropischen Sumpfgebieten Südasiens vorkommt. Das Gewürz, das auch als „Kewra“ bezeichnet wird, besteht aus den duftenden Blüten, Blättern und Früchten des palmenartigen Baumes. Auch Kewra ist vor allem in Indien und auf Sri Lanka bekannt, wo die nach Rosen und Ether duftenden Pflanzenanteile zum Aromatisieren von Reisgerichten und Süßspeisen verwendet werden. Besonders in der singhalesischen Küche ist Pandanus eine wichtige Curryzutat. Die Blätter („Curryblätter“) werden in geringerem Maße als die

Murrayablätter als Gewürz eingesetzt. Sie enthalten auch lediglich 5 µg Aromastoffe in einem Kilogramm frischer Blätter. Hierbei handelt es sich um Sesquiterpene (u. a. β-Selenin, β-Caryophyllen, Linalool) und einige ungewöhnliche aromatische Kohlenwasserstoffe (u. a. Styrol, Dimethoxybenzol).

3.12. Dill

(Abb. S. 151)

Eine uralte Küchen- und Arzneipflanze mit würzigem, fenchelähnlichem Geruch und Geschmack ist der Dill (*Anethum graveolens* L. – *Umbelliferae*), der mit dem Fenchel nahe verwandt ist.

Das einjährige, bis über 1 m hohe Kraut mit hohlem Stengel und fiedrigen Blättern stammt ursprünglich aus dem Orient, ist heute jedoch in ganz Europa und in vielen Teilen der Welt verbreitet bzw. wird angebaut.

Als Gewürz werden die feingeschnittenen, getrockneten Triebe und Blätter („Dillspitzen"), aber auch die derberen Stielanteile und Blattscheiden („Dillkraut") gehandelt. Aus den in den Monaten Juli bis September blühenden Dolden entwickeln sich eiförmige, zusammengedrückte, 0,4 cm lange Früchte, die in zwei Teilfrüchte zerfallen und ebenfalls als Gewürz Verwendung finden.

Je nach Anbauziel werden entweder krautreiche oder möglichst fruchtreiche Sorten kultiviert, die die gewünschten maximalen Erträge liefern. Für die Krautgewinnung wird vor beginnender Blüte geerntet, zur Fruchtgewinnung wird die Pflanze erst gemäht, wenn sich die ersten Früchte zu bräunen beginnen. Die Ernteerträge liegen bei ca. 750 kg/ha.

Inhaltsstoffe

Dillkraut enthält bis 0,35%, Dillfrüchte 2–4% etherisches Öl mit 40–60% Carvon, daneben u. a. Phellandren, Limonen, Carveol, Terpinen, Dihydrocarvon. Das Dillkrautöl unterscheidet sich in qualitativer wie quantitativer Zusammensetzung vom Fruchtöl, wenn auch Phellandren und Carvon die bedeutendsten Aromastoffe sind.

Tab. 7 (S. 166) zeigt die Anteile weiterer Inhaltsstoffe des Krautes und der Früchte.

Verwendung und medizinische Bedeutung

Das Dillkraut wird vor allem zum Würzen von Gurken (Dillgurken, Gewürzgurken) verwendet, eignet sich aber auch vorzüglich als Gewürz für Sauerkraut, Salate, Soßen (Dillsoße), zu Fisch- und verschiedenen Fleischspeisen, zur Herstellung von Kräuterbutter und Dill- oder Kräuteressig.

Dillfrüchte werden in ähnlicher Weise als Gewürzzutat verwendet und sind zusätzlich noch Beigabe zu Tomaten- oder Gemüsesäften, Blumenkohl, Karotten, Kohl, Zucchini oder auch zu Kartoffelsalat.

Indischer Dill (*Anethum sowa* Roxb.), auch als Sowa-Dill bekannt, hat große Ähnlichkeit mit der europäischen Dillpflanze, ist allerdings weniger aromatisch. In Indien werden die Früchte nicht nur zur Zubereitung von Speisen (z. B. Linseneintöpfe) verwendet, sondern man kaut sie auch nach dem Essen pur.

Dill regt die Magenfunktion an und unterstützt damit den Verdauungsprozeß.

3.13. Estragon

(Abb. S. 152)

Der in den Steppengebieten Mittelasiens und Ostsibiriens beheimatete, heute in ganz Europa, Vorderasien, Indien und Nordamerika verbreitete Estragon (*Artemisia dracunculus* L. – *Compositae*) ist ein mehrjähriges, buschig verzweigtes, 60–120 cm hoch wachsendes Gewürzkraut. Die bodennahen Blätter sind an ihren Spitzen dreispaltig und schwach behaart, die oberen ungeteilt und lanzettlich, 0,2–1 cm breit und 2,5–3,5 cm lang.

Neben dem „Echten Estragon" (Syn.: Deutscher oder Französischer Estragon) *f. dracunculus,* der die am meisten geschätzte Kulturform darstellt, ist auch der „Russische Estragon" *f. redowskii* hort. als wohl ursprüngliche Wildform bekannt, der jedoch nur einen geringen Würzwert besitzt. Seine sensorischen Merkmale sind nur schwach ausgeprägt, und sein Geschmack wird als leicht bitter und kerbelähnlich bezeichnet. Der Echte Estragon besitzt einen angenehm aromatischen Geruch und einen würzigen, anisartigen Geschmack.

Das Gewürzkraut wird in der Kultur vegetativ durch Stecklinge vermehrt, da es zwar zur Blütenbildung kommt, diese aber steril sind. Die Ernte erfolgt Anfang Juli mit dem ersten Schnitt, dem vom 2. Jahr an weitere 2–3 Schnitte pro Saison folgen. Der Gehalt des aromatischen etherischen Öles ist zur Zeit der Vollblüte am höchsten. Das im Handel erhältliche Gewürz besteht aus den getrockneten, geschnittenen Blättern und eventuell zarten Zweigspitzen.

Inhaltsstoffe und Verwendung

Echter Estragon kann bis zu 3% etherisches Öl enthalten, das zu 60–70% aus Methylchavicol, etwa 10% Anethol und u. a. p-Methoxy-zimtaldehyd, Phellandren, α- und β-Pinen, Camphen und Limonen besteht. Das Öl der Wildform enthält kein Methylchavicol (= Estragol).

Die Zusammensetzung der Hauptinhaltsstoffe des Estragons ist in Tab. 7 (S. 167) dargestellt.

Estragon wird zur Herstellung von Kräuteressig (Essig 20–30 Tage mit einem Estragonzweig ziehen lassen), Senf (z. B. Dijon-Senf) und außerdem auch bei der Herstellung von Gurkenkonserven verwendet. Das Gewürz paßt zu Geflügelgerichten, Fisch- und Fleischragouts, Soßen (Sauce Béarnaise), Gemüse, Salaten und besonders zu Tomatengerichten.

Tip: Getrockneter Estragon ist nicht über einen langen Zeitraum ohne Aromaverluste lagerfähig, daher gilt hier besonders, was für den Gewürzeinkauf allgemein gilt: Einkaufsmengen am mittelfristigen Gewürzbedarf orientieren!

3.14. Fenchel

(Abb. S. 152)

Aus dem Mittelmeerraum stammt der Gewürzfenchel (*Foeniculum vulgare* Mill. var. *vulgare – Apiaceae = Umbelliferae*), der in den Mittelmeerländern, Indien, Kleinasien, auf dem Balkan, aber auch in China, Dänemark, Großbritannien, Japan, den USA, in Argentinien und Deutschland angebaut wird.

Die zwei- oder mehrjährige, bis 1,5 m hoch wachsende Fenchelpflanze besitzt mehrfach fiederschnittige Blätter mit fädigen Abschnitten. Von Juli bis September zeigen sich die gelben Blüten in Doppeldolden zusammenstehend, aus denen sich 3–12 mm lange und 2–4 mm breite gelblichgrüne bis gelbbraune Teil- oder Spaltfrüchte entwickeln. Gelegentlich hängen die Teilfrüchte auch noch nach der Ernte zusammen.

Der Sproß besteht aus einem runden, gerillten Stengel, der mehr oder weniger verzweigt und markig ist.

Im Anbau unterscheidet man die direkte Freilandkultur ab März oder aber die Vermehrung über Setzlinge, die in Treibhäusern vorgezogen wurden. Die Ernte der Fenchelfrüchte geschieht maschinell und führt zu Hektarerträgen von bis zu 1 200 kg. Nach dem Trocknen und Dreschen werden die Früchte von Besatz gereinigt und gelangen so in den Handel.

Inhaltsstoffe

Der stark würzige Geruch und der würzig-aromatische, etwas scharfe Geschmack beruht auf dem bis zu 6% enthaltenen etherischen Öl, das zu 50–70% aus dem süßlich schmeckenden trans-Anethol und bis zu 20% aus dem bitter und kampferartig schmeckenden (+)-Fenchon zusammengesetzt ist. Minorkomponenten sind u. a. Methylchavicol, Anisaldehyd, α-Pinen, α-Phellandren und Limonen. Die als „Süßfenchel" *(F. vulgare* var. *dulce)* bekannte Varietät, die besonders in Italien und Frankreich angebaut wird, enthält kein Fenchon und läßt sich daher auch chemisch gut unterscheiden.

Die übrigen Inhaltsstoffe des Fenchels sind in Tab. 7 (S. 167) übersichtlich aufgeführt.

Verwendung und medizinische Bedeutung

Ähnlich wie Anis wird der Fenchel als Brotgewürz und zum Bestreuen von Gebäck verwendet. Auch als Einlegegewürz für Gurken und Gemüse, als Zutat zu Gemüsegerichten, Fisch, Marinaden, Soßen und Füllungen wird Fenchel gerne benutzt. Die Italiener würzen häufig gegrilltes Fleisch mit den Früchten, was einen ungewöhnlichen Geschmack ergibt. Das aus den Früchten isolierte Fenchelöl wird bei der Herstellung von Hustenbonbons mit Honig vermischt.

In gemahlener Form ist die Frucht in vielen Gewürzmischungen enthalten, z. B. „Fünf-Gewürz-Mischung“ (China). Diese Spezialität besteht aus 1 Teil Anispfeffer, 1/2 Teil Zimt, 1/2 Teil Nelke, 1 1/4 Teilen Fenchel und 1 Teil Sternanis. In Indien, Indonesien und Malaysia ist Fenchel wichtige Zutat für Fischcurrys, für gegrillten Hummer und Garnelen.

In der Volksmedizin schätzt man die lindernde Wirkung der Droge bei Magenbeschwerden und gegen Blähungen.

3.15. Galgant

Als Vertreter der „Rhizomgewürze“ (siehe „Ingwer“) sind aus der Familie der *Zingiberaceae* der „Echte Galgant“ (*Alpinia officinarum* Hance) und der „Große Galgant“ (*Alpinia galanga* L.) zu nennen. Bei beiden handelt es sich um schilfähnlich wachsende Pflanzen, die bis zu einem bzw. bis zu zwei Meter groß werden und deren dickliche, große Blätter die Triebe an ihrer Basis umschließen. Die aus Südostasien stammende Gewürz- und Medizinalpflanze wird in Thailand, Südchina, Indien, Indonesien und Malaysia intensiv kultiviert.

Das Rhizom von 4- bis 5jährigen Pflanzen (Länge bis 1 m) wird ausgegraben, gründlich gewaschen und gereinigt, geschnitten und an der Luft getrocknet. *A. officinarum* liefert ein rotbraunes Rhizom mit charakteristischen, weißen, gekräuselten Querringeln, das stärker aromatisch und schärfer im Geschmack ist als das gelblich gefärbte *A. galanga*-Rhizom, weshalb es diesem vorzogen wird.

Inhaltsstoffe

Das zu 0,5–1,5% enthaltene etherische Öl besteht hauptsächlich aus Sesquiterpenkohlenwasserstoffen und -alkoholen nebst kleinen Anteilen an Eugenol. Im nicht-wasserdampfflüchtigen Teil des Gewürzes findet sich ein komplexes Gemisch verschiedener Scharfstoffe (Diarylheptanoide, Abb. 9), das früher unter dem Namen „Galangol“ zusammengefaßt wurde. Ferner kommen Gingerole (Phenylalkanone, siehe „Ingwer“), Gerbstoffe und 20–25% Stärke als erwähnenswerte Inhaltsstoffe vor.

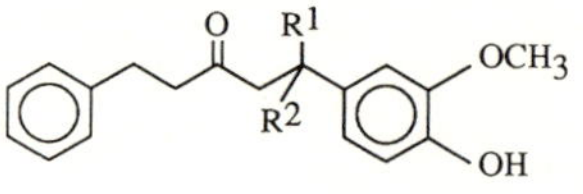

R^1	R^2
=O	=O
–H	$-OCH_3$
–H	–OH

Abb. 9

Verwendung und medizinische Bedeutung

Galgant ist Bestandteil verschiedener Curryrezepturen. Bei uns ist seine Bedeutung als Gewürz noch sehr gering, in der malayischen und indonesischen Küche gehört das gemahlene Rhizom zu den meistverwendeten Gewürzen. So ist „Nasi Goreng", das auch in Europa bekannte indonesische Reisgericht, ohne Galgant undenkbar. Ähnlich wie Ingwer kann man das Rhizom auch als Zutat zu Fisch- und Süßspeisen, Salaten und Wildbret verwenden. Industriell wird der Gewürzextrakt wegen seiner appetitanregenden Eigenschaften zur Aromatisierung von Magenlikören (z. B. Abtei, Stonsdorfer, Boonekamp) verarbeitet.

Auszüge aus Galgantwurzel sind Bestandteil von Arzneimitteln, die bei Appetitlosigkeit und „Magenschwäche" empfohlen werden. Die grob zerkleinerte Droge kann auch, als Tee zubereitet, jeweils 1/2 Stunde vor den Mahlzeiten zur Anregung des Appetits verabreicht werden. Bei einer mittleren Tagesdosis von 6 g sind keine Nebenwirkungen zu beobachten.

3.16. Ingwer

(Abb. S. 153)

Die Ingwerpflanze (*Zingiber officinale* Rosc. – *Zingiberaceae*) ist eine bis 1,2 m hoch wachsende schilfartige Staude, von deren Sproß sich lange, schmale Blätter entwickeln. Die in Süd- und Mittelasien beheimatete Gewürzpflanze wird heute wegen ihrer aromatischen Wurzelstöcke (Rhizome) auf Jamaika, in Indien, China, Japan, Vietnam, Australien, Brasilien, Indonesien und Teilen Afrikas angebaut.

Deutsche Importe (1988) stammen aus China (673 t), Brasilien (149 t), Nigeria (67 t), Indonesien (52 t) und Singapur (22 t).

Wurzelstöcke sind unterirdische Sproßachsen, die an ihren farblosen Schuppenblättern, deren Narben und den unregelmäßig angeordneten Knospen zu erkennen sind. Der anatomische Aufbau unterscheidet sie deutlich von wirklichen Wurzelorganen.

Die Vermehrung der Pflanze erfolgt vegetativ über Stecklinge, die sich innerhalb 8–9 Monaten zu erntereifen Rhizomen entwickeln. Zum Zeitpunkt der Ernte der fast handförmig verzweigten Rhizome („Klauen" oder „Hands") sterben die oberirdischen Pflanzenteile bereits ab. Die ausgegrabenen Rhizome werden gewaschen und je nach Anbaugebiet und Anforderungen mit kochendem Wasser überbrüht, an der Sonne getrocknet, teilweise oder ganz von der äußeren Korkschicht befreit (geschält) und in Stücke oder in Scheiben geschnitten. Ingwer kommt in vielen geschmacklich und qualitativ unterschiedlichen Sorten in den Handel. Das feinste Aroma besitzt der meist geschälte Jamaika-Ingwer, der wegen seines zitronenähnlichen Beigeschmackes sehr geschätzt wird. Der westafrikanische Ingwer, halb- oder ungeschält gehandelt, ist von geringer Qualität, zeigt jedoch die größte Schärfe, weshalb er häufig in der fleischverarbeitenden Industrie verarbeitet wird.

In Indien, wo allein 27 verschiedene Ingwersorten angebaut werden, werden ca. 50% der Welt-Ingwerernte eingebracht. Indien-Ingwer wird geschält oder ungeschält vermarktet und zeichnet sich auch durch eine zitronenähnliche Topnote aus. China-Ingwer wird gerne für die Herstellung von in Sirup eingemachtem (präserviertem) und kandiertem Ingwer eingesetzt. Größter Exporteur mit ca. 27 000 t im Jahr 1987 war Indonesien. Australien produziert ca. 10 000 t eingemachten oder kandierten Ingwer. Hierzu werden die Rhizome bereits sechs Monate nach dem Pflanzen, zu einem Zeitpunkt unvollständiger Reife, geerntet.

Geschälter Ingwer zeigt eine glatte Oberfläche, eine hellgelbe bis leicht bräunliche Farbe und wirkt nur nach Behandlung mit Kalk oder schwefliger Säure gebleicht. Das Schwefeln ist ein oft notwendiges Haltbarmachungsverfahren für die ungeschnittenen Ingwerrhizome, um eine Schimmelbildung während des Trocknungsprozesses zu verhindern.

Inhaltsstoffe

Der etherische Ölgehalt dieses Gewürzes schwankt, je nach Qualität, zwischen 1–3%. Die Hauptbestandteile des Öls sind das (–)-Zingiberen (–70%), Zingiberol, (+)-ar-Curcumen und Farnesen. Ferner sind über 40 weitere Verbindungen bisher nachgewiesen worden (u. a. β-Bisabolen, Sesquiphellandren, Neral, Geranial). Je nach Sorte und Provenienz schwankt die Zusammensetzung des Öls stark. Die beträchtliche Schärfe des Gewürzes stammt aus dem nicht flüchtigen Harzanteil, der die Scharfstoffe Gingerol, Shogaol, Zingeron und Methylgingerol (Abb. 10) enthält. Die übrige Zusammensetzung des Gewürzes ist in Tab. 7 (S. 167) dargestellt.

Die Ingwerqualität wird durch die Sortenwahl, den Zeitpunkt der Rhizomernte und die Sorgfalt beim Umgang mit den geernteten Wurzelstöcken beim Schälen, Trocknen und während der Lagerung bestimmt. Bei den konventionellen Trocknungsverfahren verlieren die Rhizome 60–70% ihres Gewichtes, jedoch auch bis zu 20% des etherischen Öls.

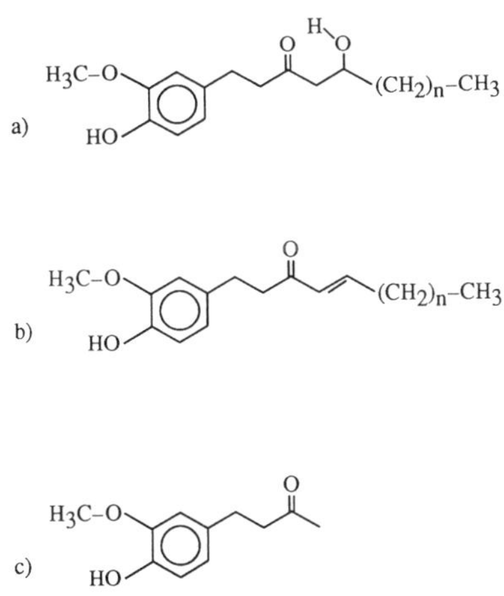

Abb. 10
a) Gingerole, b) Shogaole, c) Zingeron

Verwendung

Ingwer (engl.: ginger) wird vor allem in England, den USA, Skandinavien und den Anbauländern selbst geschätzt, wo er häufig frisch als sogenannter „Green Ginger" zur Würzung von Fleisch- und Fischgerichten verwendet wird. Getrockneter, gemahlener Ingwer ist bei uns ein traditionelles Back- und Puddinggewürz. Für das Einlegen von Kürbis, Birnen u. a. empfiehlt sich die Zugabe von Ingwerstücken. Ebenso verwendet die Getränkeindustrie Ingwerextrakt bei der Herstellung von alkoholischen und nichtalkoholischen Getränken (Ingwerbranntwein, Ingwerbier, Ginger Ale).

Schließlich ist Ingwer ein wichtiger Bestandteil vieler Wurstgewürzmischungen, Currys, Chutneys und Pickles.

Medizinische Bedeutung

Ingwer regt den Appetit an, hilft bei Magenbeschwerden, fördert die Verdauung und wirkt gegen Krämpfe und Blähungen im Verdauungssystem, lindert Rheuma und Muskelschmerzen und ist ein wirksames Mittel gegen Erkältungen. So sind Ingwertees und Ingwerbäder bekannte Hausmittel gegen diese Beschwerden.

Ferner soll Ingwer positiv auf die psychische Verfassung wirken.

3.17. Kalmus

Zur Familie der Aronstabgewächse *(Araceae)* gehört der auch unter dem Namen „Deutscher Ingwer“ bekannte Kalmus (*Acorus calamus* L.).

Die ausdauernde, bis zu 1,5 m hoch wachsende Staude bildet Rhizome von 0,5–1 m Länge, die im Spätherbst des zweiten Jahres ausgegraben, gewaschen und getrocknet werden. Ungeschälte Rhizomstücke sind außen bräunlich-gelb gefärbt, die geschälte Ware zeigt eine gelblich-weiße bis schwach rötliche Färbung.

Aus ihrer Heimat, vermutlich Indien, hat sich die Pflanze über die gesamte Nordhalbkugel verbreitet und ist auch bei uns in der Nähe von Feuchtgebieten (stehende Gewässer, Teiche, Sümpfe) wild anzutreffen.

Inhaltsstoffe

Der Geruch des als Gewürz verwendeten Rhizoms ist angenehm, stark würzig, sein Geschmack ist als würzig, scharf und bitter zu beschreiben. Das etherische Öl, das in Konzentrationen bis zu 6% vorkommen kann, enthält neben größeren Mengen Asaryaldehyd und Eugenol als wichtigen Bestandteil β-Asaron (cis-Isoasaron, Abb. 11), dessen Gehalt von 0–95% schwankt. Aufgrund neuerer Untersuchungen über die Toxizität des Asarons wird gefordert, daß nur Kalmus mit möglichst niedrigem β-Asarongehalt zur Verwendung kommt, da dieser Stoff eindeutige Genotoxizität zeigt. Diese Untersuchungen wurden mit indischem Kalmusöl (ca. 80% β-Asaron) durchgeführt.

Weitere Inhaltsstoffe sind die Bitterstoffe Acorin (Glykosid) und Acoretin, die neben Cholin, Stärke, Gerb- und Schleimstoffen vorkommen.

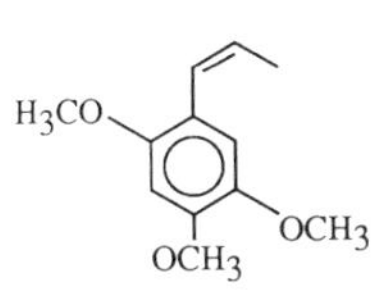

Abb. 11

Verwendung und medizinische Bedeutung

Beliebt ist Kalmus in der indischen und der islamischen Küche, wo er, ähnlich dem Ingwer, vor allem als Bestandteil von Gewürzmischungen (Currys, Backgewürz- und Wurstgewürzmischungen) Verwendung findet.

Auch zu Obstgerichten und -getränken harmoniert das Kalmusaroma gut. Schließlich läßt sich das Rhizom wie der Ingwer zu Konfekt kandieren.

Die Spirituosenindustrie verarbeitet größere Mengen des Gewürzes bzw. seines Öles zur Herstellung von Magenbittern und Kräuterlikören.

In der Heilkunde spielt Kalmus als Magenmittel eine Rolle. Die sedative Wirkung des Öls wird auf den β-Asarongehalt zurückgeführt, dessen Toxizität beschrieben wurde.

3.18. Kapern

(Abb. S. 153)

Eine Sonderstellung unter den Gewürzen nimmt die Kaper ein. Sie ist die noch fest verschlossene Knospe eines aus dem Mittelmeerraum stammenden, bis 1 m großen, dornigen Strauches (*Capparis spinosa* L. – *Capparidaceae*), der besonders in Spanien, Marokko, Südfrankreich und in Italien kultiviert wird. Da die Blütenknospen beim Trocknen zu viel ihrer Würzkraft verlieren, legt man sie, frisch gepflückt, in Salzlake oder in einen salzhaltigen Essigaufguß ein, wodurch ihr Würz- und Gebrauchswert erhalten bleibt.

Die pfefferkorn- bis erbsengroßen Kapern haben schief eiförmige bis gerundet dreiseitige Gestalt und sind kurzgestielt. Beim Öffnen zeigen sie vier ungleiche Kelchblätter, vier Kronblätter, zahlreiche Staubgefäße und einen langgestielten Fruchtknoten.

Die durch Siebung klassifizierten und nach Größe gehandelten Knospen sind in folgenden Qualitäten am Markt erhältlich:

1.	„Nonpareilles“	Kleinste, am meisten geschätzte Sorte, fest geschlossen, rund, 4–7 mm
2.	„Surfines“	Größe wie Nonpareilles, jedoch mit vereinzelt nicht fest verschlossenen Knospen
3.	„Capucines“, „Capottes“, „Fines“	Weitere Qualitäten, die schon 12–15 mm Größe erreichen

Die aus den Anbauländern in Fässern importierten Kapern werden hier von der Transportlake getrennt, gründlich gewässert und mit neuer Lake in Gläschen abgefüllt. Die olivgrünen bis blaugrünen Kapern schmecken herb, bitter, würzig scharf und infolge des Essigaufgusses auch säuerlich.

Als Verfälschungen kommen Blütenknospen verschiedener Pflanzen (Sumpfdotterblume, Scharbockskraut, Kapuzinerkresse, Besenginster) und die unreifen Früchte des Kapernstrauches (Cornichons de Caprier), vielsamige, längliche Beeren, die von den Knospen leicht zu unterscheiden sind, in Betracht. In Mangelzeiten wurden einzelne Knospen auch bewußt als Ersatzgewürz verwendet. Eine Schönung von Kapern durch Kupfersalzzugabe ist nicht zulässig und gilt als Täuschung des Verbrauchers.

Inhaltsstoffe und Verwendung

Die Knospen enthalten 86–88% Wasser. In ihrer Trockensubstanz sind 4–4,5% Fett, 4% Pentosane, 9–12% Rohfaser und 9–10% Asche nachweisbar. Bemerkenswert ist der hohe Flavonolglykosidgehalt der Kaper (0,5% Rutin). Der scharfe Geschmack wird durch ein Senfölglykosid (Glucosinolat), nämlich das Glucocapparin (Methylglucosinolat), hervorgerufen. Das im Gewürz enthaltene Enzym Myrosinase (auch u. a. in der Senfsaat enthalten) spaltet das Glucocapparin in Methylsenföl (Methylisocyanat) und Glukose (Abb. 12). Das Methylisothiocyanat ist das scharf schmeckende, leicht flüchtige Prinzip der Kaper.

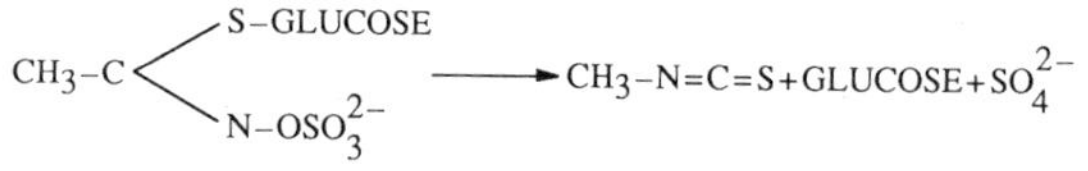

Abb. 12

Kapern werden zur geschmacklichen Verbesserung pikanter Soßen, Salate (z. B. Heringssalat), Fleisch (z. B. Ragout), Königsberger Klopse, Frikassee und zum Garnieren von kalten Platten verwendet. Zu gekochten Gerichten sollten die Kapern erst gegen Ende der Garzeit gegeben werden, um das Aroma möglichst völlig zu erhalten.

3.19. Kardamomen und Amomen

3.19.1. Kardamom

Es ist eigentlich unverständlich, daß eines der feinsten Gewürze, der Kardamom (*Elettaria cardamomum* White et Mason) aus der Familie der Ingwergewächse *(Zingiberaceae)*, in der mitteleuropäischen Küche eine vergleichsweise bescheidene Rolle spielt.

So werden von den hauptsächlich aus Indien (80% des Weltexportes), Guatemala, Sri Lanka, Tansania und Papua-Neuguinea exportierten Mengen lediglich 8% in unseren Wirtschaftsraum exportiert. Dagegen sind die arabischen Staaten des Mittleren Ostens, die ca. 60% der Weltimporte auf sich vereinigen, und die skandinavischen Länder (16% Importquote) die Hauptabnehmer für das in Südindien beheimatete Gewürz mit dem intensiven und feinen Aroma.

Es ist nicht das Rhizom, das, wie bei den meisten Ingwergewächsen, als Gewürz dient, sondern die Frucht, eine dreifächerige Samenkapsel mit 4–8 enggeschichteten Samen von 2–4 mm Durchmesser in jedem Fach. Sie entwickelt sich an der 2–3 m hohen, schilfartigen, ausdauernden Pflanze und ist 1–2 cm lang.

Die Vermehrung der Kardamompflanze erfolgt über die Teilung des Rhizoms vegetativ oder aber geschlechtlich über die Saat. Die erste Ernte wird nach etwa 3 Jahren eingebracht, jedoch kommt es erst in den Folgejahren zu guten Erträgen. In Indien blüht die Pflanze von April bis August. Da die heranwachsenden Früchte 3 Monate nach der Blüte reif sind, muß in Intervallen von 30–40 Tagen geerntet werden, denn die Wahl des richtigen Erntezeitpunktes ist auch beim Kardamom von entscheidender Bedeutung für die spätere Gewürzqualität. Die noch grünen Früchte werden noch vor der Vollreife gepflückt, zunächst gewaschen, von Stielen befreit und anschließend getrocknet. Beim Trocknen (einige Stunden bei max. 55 °C) wird der ursprünglich enthaltene Wassergehalt von 75% auf weniger als 13% reduziert. Unter diesen Trocknungsbedingungen werden die Lebensvorgänge der Frucht unterbrochen und auf diese Weise die grüne Farbe der Fruchtschalenchloroplasten (Träger des grünen Chlorophylls) erhalten. Bereits an der Pflanze über das Stadium der „Grünreife" (engl.: Greens) hinaus gelblich gefärbte Früchte werden nicht in Trocknungsanlagen, sondern, weniger aufwendig, an der Sonne getrocknet. Diese „Gelbreifen" (engl.: Yellows) neigen dazu, aufzuplatzen, und damit ist der durch die vormals intakte Fruchtwand gewährte Schutz der in den

Samen enthaltenen etherischen Öle nicht mehr in vollem Umfang gegeben.

Die bekanntesten Handelssorten sind die aus Indien stammenden Malabar- und Mysoretypen, die inzwischen aber auch in anderen Ländern verbreitet sind und kultiviert werden.

Als Qualitätsstufen unterscheidet der Handel die qualitativ sehr hochwertigen „Greens" von einer Mischung aus grün- und gelbreifen Früchten „Green-Yellows" und den weniger geschätzten „Yellows". Daneben wird auch in kleinen Mengen die reine Saat gehandelt, die sich im Laufe des Reifevorganges von Weiß über Braun bis Schwarz verfärbt.

Inhaltsstoffe

In den Samen ist bis zu 9% etherisches Öl enthalten, die Schale enthält dagegen nur 0,5–1%, so daß die Früchte je nach Provenienz und Handelsqualität einen 3,5- bis 7%igen Ölanteil zeigen. Dieses Öl besteht zu 20–50% aus 1,8-Cineol und zu 25–50% aus den weiteren Hauptkomponenten α-Terpenylacetat (28–34%), Sabinen, Limonen (2–14%) und Borneol.

Innerhalb von 8 Monaten verlieren sich aus der ungeschützten Saat bereits 30% der enthaltenen Aromaträger, da sie zu einem großen Teil sehr leicht flüchtig sind.

Wesentlich geschützter ist die Saat innerhalb der unverletzten Fruchtschale, so daß die Lagerfähigkeit der geschlossenen sehr viel besser ist als die der aufgeplatzten Frucht oder der reinen Saat. Die übrige Zusammensetzung der Kardamomsaat entnehme man Tab. 7 (S. 167).

Verwendung

Kardamom wird dem Verbraucher überwiegend in gemahlener Form angeboten. Werden die Fruchtkapseln mit vermahlen, so muß das Produkt mit dem Zusatz „in bzw. mit der Schale gemahlen" bezeichnet werden. Der süßlich, kräftig brennende und an Eukalyptus erinnernde Geschmack dieses Gewürzes paßt zu Brot und Backwaren (Spekulatius-, Lebkuchen-, Christstollengewürz), Süßwaren, Süßspeisen, Obstspeisen und süßlichen Marinaden. Außerdem ist Kardamom in Wurstgewürzmischungen enthalten und Bestandteil vieler Curryrezepturen.

Die Getränkeindustrie verwendet das Aroma bei der Herstellung einiger alkoholischer Getränke.

Der hohe Kardamombedarf der arabischen Staaten erklärt sich durch die Verwendung der ganzen Saat als „Kaffeegewürz“. 1–2 Samen pro Tasse verstärken das Kaffeearoma und verfeinern den Geschmack.

3.19.2. Kardamomersatz

Kardamomersatz, oft ebenfalls als Kardamom bezeichnet, liefern *Aframomum* spp. und *Amomum* spp. aus Afrika und Asien. Sie werden auch als „Falsche Kardamomen“ bezeichnet und haben nur lokale Bedeutung im Anbaugebiet selbst:

Bengal-Kardamom	(*Amomum aromaticum* Roxb.)
Siam-Kardamom	(*A. kepulaga* Sprague et Burkill)
Indochina-Kardamom	(*A. krervanh* Pierre ex. Gaguep)
Nepal-Kardamom	(*A. subulatum* Roxb.)
Bastard-Kardamom	(*A. xanthioides* Wall.)
China-Kardamom	(*A. globosum* Lour.)

Aus der Gattung „*Aframomum*“ sind ferner zu nennen:

Madagaskar-Kardamom	(*Aframomum angustifolium* K. Schum.)
Kamerun-Kardamom	(*A. danielli* K. Schum.)
Korarima-Kardamom	(*A. korarima* Pereira)

Der durch die aufgezählten Pflanzen gelieferte Kardamomersatz unterscheidet sich deutlich hinsichtlich der Zusammensetzung des etherischen Öls. Weiterhin sind die Produkte wesentlich weniger aromatisch als die echte Kardamomsaat.

3.20. Kentjoer

Eine in Ostindien vorkommende und heute vor allem auf Java kultivierte, bis 30 cm hohe Gewürzstaude ist der unter dem Synonym „Gewürzlilie“ bekannte Kentjoer (*Kaempferia galanga* L. – *Zingiberaceae*).

Wie bei anderen Ingwergewächsen ist es hier das von einer rötlichbraunen Korkschicht umgebene und innen gelblichgrau gefärbte Rhizom der Pflanze, das als Gewürz verwendet wird. Aus den trockenen Wurzelstöcken wird ein dem weißen Pfeffer ähnliches Gewürzpulver gemahlen, das einen stark aromatischen Geruch und einen an Ingwer erinnernden Geschmack zeigt.

Kentjoer ist stärkehaltig und weist einen etherischen Ölgehalt von 2,5–4% auf. Es enthält die Hauptkomponenten Zimtsäureethylester (25%) und p-Methoxyzimtsäureethylester (bis 30%), ferner geringe Anteile von u. a. Camphen, Caren und Borneol.

Kentjoer ist eine wichtige Gewürzzutat für Mischungen und Pasten (Samballan) der „Indischen Reistafel“. Ferner eignet sich das gemahlene Rhizom zum Würzen von Geflügel- und Fleischgerichten.

In Südostasien ist Kentjoer auch ein Mittel der Volksheilkunde. Die Droge wirkt magenstärkend und wird als Stomachikum bei Appetitlosigkeit verabreicht.

3.21. Kerbel

(Abb. S. 154)

Der Gartenkerbel (*Anthriscus cerefolium* ssp. *cerefolium* [L.] Hoffm. – *Umbelliferae*), aus West- und Südostasien stammend, hat sich über ganz Europa, Nordafrika, Ostasien, Nord- und Südamerika ausgebreitet. Die einjährige Pflanze ähnelt sehr der bei uns heimischen Petersilie.

Als Gewürz verwendet man die hellgrünen, zwei- bis dreifach gefiederten Laubblätter der 30–70 cm hohen Pflanze, die gerebelt in den Handel kommen. Sie duften stark aromatisch und haben einen würzigen, anisähnlichen Geschmack.

Inhaltsstoffe und Verwendung

Das Kerbelkraut enthält nur wenig etherisches Öl (0,003%), das sehr leicht flüchtig ist, so daß beim Trocknen der Blätter ein Teil der Würzkraft verlorengeht. Die Zusammensetzung des Kerbels geht aus Tab. 7 (S. 167) hervor.

Zusammen mit Estragon, Petersilie und Schnittlauch ist Kerbel eine Komponente der französischen Kräutermischung „Fines herbes“. Besonders Fischgerichte, Eierspeisen, Suppen, Salate und Geflügel erhalten durch Kerbel eine besondere Note.

Tip: Die Zugabe des Gewürzes zu gekochten Speisen sollte erst nach dem Garvorgang erfolgen, um das empfindliche Kerbelaroma möglichst gut zu erhalten!

3.22. Knoblauch

Ein Gewürz, das gerade auch bei uns „Pfeffer-und-Salz-Verwendern" zunehmend beliebter wird, ist der Knoblauch (*Allium sativum* L. – *Liliaceae*). Seine Heimat ist Westasien (Kirgisien) und Indien. Er wächst in Ägypten, Südfrankreich und Italien wild und wird in gemäßigten und subtropischen Klimazonen rund um die Welt kultiviert. Als wichtige Anbauländer sind die USA, China, Indien und einige Länder Osteuropas zu nennen.

Knoblauch ist eine bis 70 cm hohe, mehrjährige Pflanze, an dessen stark verkürztem Sproß mit scheibenförmig abgeflachter Achse (Zwiebelkuchen) einige Nebenzwiebeln dicht aufsitzen, die sich nach oben allmählich verjüngen und auch als „Zehen" bezeichnet werden. Jede Zehe besteht aus einer röhrenförmigen, fleischig verdickten Zwiebelschuppe, die am Grunde die Sproßachse umschließt und von einer trockenen Zwiebelhaut umgeben ist. Der röhrenförmige Stengel trägt zahlreiche, in einer kugeligen Scheindolde zusammensitzende rötlich-weiße Blüten, aus denen sich 20–30 kleine (bis 1 cm) Brutzwiebeln entwickeln.

Der Anbau erfolgt über die Brutzwiebeln (zweijährig) oder über die Zehen (einjährig).

Die Hektarerträge liegen zwischen 5–12 t. Nachdem die die Zehen umgebenden weißen, membranartigen Häute und evtl. die Brutzwiebeln entfernt sind, werden die Zehen in Scheiben geschnitten und in Tunneltrocknern getrocknet, woraus sich die getrockneten Endprodukte herstellen lassen. Das Knoblauchgranulat hat gegenüber dem Pulver den Vorteil einer geringeren Hygroskopizität, so daß es streufähiger bleibt. Dennoch muß durch einen Zusatz von Calciumstearat die Rieselfähigkeit des Granulates verbessert werden, um Verklumpungen vorzubeugen. Es sind weiße, rosa und gelbliche Knoblauchvarietäten bekannt, die alle einen unterschiedlichen Geschmack aufweisen. Zur Herstellung von getrockneten Knoblauchmahlprodukten wird fast ausschließlich die weiße Varietät verwendet.

Inhaltsstoffe

Knoblauch ist unzerkleinert relativ geruchlos, und erst nach Beschädigung der Zellen wird auf enzymatischem Weg (Alliinase) aus Alliin das fungi-

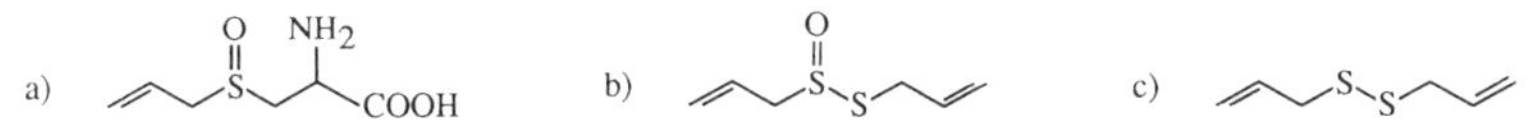

Abb. 13
a) Alliin, b) Allicin, c) Diallyldisulfid

zide Allicin (Abb. 13) gebildet, was zu Diallyldisulfid zerfällt und den charakteristischen Knoblauchgeruch ausmacht. Es sind schwefelhaltige Verbindungen, die bei Alliumarten das Aroma bestimmen, so auch beim Knoblauch. Im etherischen Öl, das zu 0,2% in den frischen Knoblauchzehen enthalten ist, sind große Mengen Diallyldisulfid (60%), Diallyltrisulfid (20%) und Allylpropyldisulfid (6%) neben geringen Anteilen von Diethyldisulfid, Diallylpolysulfid, Alliin und Allicin enthalten. Die übrige Zusammensetzung des getrockneten Knoblauchproduktes wird in Tab. 7 (S. 167) gezeigt.

Verwendung und medizinische Bedeutung

Seit ewigen Zeiten findet Knoblauch in den Balkanstaaten, im Orient, in den Mittelmeerländern und in Südamerika seinen Platz bei der Zubereitung von Speisen. Ein Hauch von Knoblauch paßt zu einer unübersichtlichen Zahl von Speisen, z. B. zu Suppen, Soßen, Salatdressings, Dipsaucen, Gemüse- und Fleischgerichten (Lamm). Knoblauchsoße „Aioli" und Knoblauchquark „Tsatsiki" sind Spezialitäten mit starkem Knoblaucharoma, die durch den Tourismus auch bei uns bekannt wurden und sehr beliebt sind.

Im Mittelalter glaubte man, fast jede Krankheit mit Knoblauch kurieren zu können. Bis heute sind zahlreiche Heilwirkungen unbestritten. Knoblauch wirkt antibakteriell, und so ist der aus frischen Zehen gepreßte Saft zur Behandlung von Wunden und Entzündungen geeignet. Bei Darmerkrankungen hilft Knoblauch in vielen Fällen. Er verbessert die Stoffwechselfunktionen, hilft bei zu hohem Blutdruck, senkt den Cholesterinspiegel, steigert die körpereigene Abwehrkraft und senkt damit die Infektionsbereitschaft des Körpers.

Der einzige Nachteil dieses segensreichen Gewürzes sind die vielfach als unangenehm empfundenen Ausdünstungen der Inhaltsstoffe über den Atem und durch die Hautporen. Als „Gegenmittel" werden der Verzehr frischer Petersilie oder die Einnahme von Milch, Gewürznelken, Zitrone oder Honig empfohlen. In Kombination mit Gewürzmischungen, z. B. Curry, vermindert sich der Geruch ebenfalls.

3.23. Kokum

An den tropischen Küsten Südwestindiens ist der schlanke, bis 15 m hohe Kokumbaum (*Carcinia indica* L. – *Guttiferae*) beheimatet. Er bildet runde, rötliche, pflaumenähnliche Früchte, die 8 Samen enthalten. Als Gewürz verwendet man die Haut der Früchte. Nach der Ernte gewinnt man diese durch Schälen, anschließend glättet und trocknet man sie, wobei sie eine schwarzbraune Farbe annimmt. Der Geschmack des Gewürzes wird als sauer und salzig beschrieben, und daher wird Kokum, wie Amchur oder Tamarinde, häufig als Säuerungsmittel verwendet.

Verwendung

Kokum ist ein rein indisches Gewürz, das dort zur Zubereitung von Fisch und Meeresfrüchten und als Zutat zu Marinaden für Grillfleisch und Kebabs eingesetzt wird. Die sauer schmeckenden Fruchtschalen werden auch zur Herstellung scharfer Chutneys, eingelegten Gemüses und als Beigabe zu Gewürzmischungen (z. B. Currymischungen) benutzt.

In guten Feinkostläden ist Kokum auch bei uns erhältlich.

3.24. Koriander

(Abb. S. 154)

Die einjährige, krautige Korianderpflanze (*Coriandrum sativum* L. – *Umbelliferae*), deren oberirdische Pflanzenteile unangenehm wanzenartig riechen (Syn.: Wanzenkümmel; Koris [griech.]: Bettwanze), liefert gelblichbraune bis gelblichrot gefärbte Spaltfrüchte, die getrocknet als Koriander gehandelt werden. Die Heimat dieser bis etwa 60 cm großen Gewürzpflanze ist Kleinasien und das südliche Mittelmeergebiet.

Die Blätter der Pflanze sind 2,5–10 cm lang, 2–7,5 cm breit und stark gefiedert. Aus den kleinen weißen oder rosa Blüten, die in Dolden zusammensitzen, bilden sich die Früchte, die im Gegensatz zu denen anderer Umbelliferenfrüchte nicht in ihre Teilfrüchte zerfallen. Heute wird Koriander besonders in Marokko, Osteuropa, Indien, Mittelasien, den USA, Holland, Italien und Frankreich angebaut.

An der 1988 importierten Gesamttonnage (BRD 2 418 t) hatten Bulgarien (934 t), Marokko (544 t), Ungarn (512 t), Rumänien (165 t) und Ägypten (87 t) die größten Anteile. Die Weltproduktion beträgt ca. 300 000 t jährlich. Etwa 1/3 dieser Menge wird in der UdSSR zur Gewinnung von Korianderöl erzeugt.

Es gibt zwei Koriandervarietäten, die sich schon durch ihre Fruchtgröße unterscheiden. So besitzen die Früchte von *C. sativum* L. var. *vulgare* Alef. einen Durchmesser von 3–5 mm, die von *C. sativum* L. var. *microcarpum* D. C. dagegen lediglich 1,5–3 mm. Die Varietät „vulgare" wird vor allem in Marokko und Indien angebaut und enthält 0,1–0,5% etherisches Öl. Der Ölgehalt der kleineren *„microcarpum"*-Varietät, die bevorzugt in Südosteuropa kultiviert wird, liegt über 0,4% und kann bei sehr kleinen Früchten auch bis 1,8% ansteigen. Der Korianderanbau beginnt in den Monaten März bis April mit der Aussaat und endet im August mit der Ernte, die maschinell erfolgt, bzw. dem Ausdreschen der Frucht. Der Erntezeitpunkt hat einen großen Einfluß auf die Qualität des Gewürzes, denn die Früchte enthalten im unreifen Zustand einen maximalen Ölgehalt, der im Laufe der Reifung abnimmt, da die peripheren Ölstriemen (Rippen) teilweise kollabieren und ein Ölaustritt möglich wird. Andererseits zeigen die noch nicht reifen Früchte auch den unangenehmen Wanzengeruch, der von europäischen Verbrauchern abgelehnt wird und auf trans-Tridecen-(2)-al-(1) (Abb. 14) zurückzuführen ist. Gerade dieser Geruch wird im mittleren Osten und Asien geschätzt.

$H_3C-(CH_2)_9-CH=CH-CHO$

Abb. 14

Inhaltsstoffe

Je nach Varietät besteht das etherische Öl zu 45–70% aus Linalool. Weitere wichtige Aromaträger sind α- und β-Pinen, α- und β-Terpinen, Geraniol, Borneol und Decylaldehyd. Neben etherischem Öl besitzt die Korianderfrucht fettes Öl mit Öl-, Petroselin-, Palmin- und Linolsäure als Hauptfettsäuren. Die weiteren Inhaltsstoffe werden in Tab. 7 (S. 167) aufgeführt.

Das Korianderkraut besitzt 0,1% etherisches Öl (Hauptkomponente Decyclaldehyd), einen hohen Provitamin-A-Gehalt sowie ca. 250 mg/100 g Vitamin C.

Verwendung und medizinische Bedeutung

Korianderfrüchte werden im gleichen Maße sowohl zu salzig-würzigen Speisen (Fleisch, Wurst, [„Frankfurter"], Soßen, Gemüse) wie zu Kompott, Marinaden und Weihnachtsgebäck verwendet. Mit Anis, Kümmel und Fenchel gehört das Gewürz zu den sogenannten „Brotgewürzen". Viele Currymischungen enthalten ebenfalls beträchtliche Mengen dieser aromatisch, würzig, süßlich, schwach brennend schmeckenden Frucht. Die Getränkeindustrie würzt mit Korianderöl eine Anzahl alkoholischer (Gin) und nichtalkoholischer Getränke.

Auch heute noch ist Koriander eine Heilpflanze. So wird der aus ihm bereitete „Salesianer-Tee" auch von Ärzten gegen Blähungen und Magenverstimmungen empfohlen. Korianderhonig oder ein aus Koriander bereiteter Tee, mit Ingwer und etwas Pfeffer versetzt und mit Honig gesüßt, sollen die Beschwerden bei Erkältungskrankheiten lindern.

3.25. Kreuzkümmel

Der ursprünglich aus Vorderasien stammende Kreuzkümmel (*Cuminum cyminum* L. – *Umbelliferae*) ist ein einjähriges, bis zu 50 cm hoch wachsendes Kraut mit doppelt gefiederten Blättern, das weiße oder rötliche Doldenblüten entwickelt, aus denen sich die Spaltfrüchte, das Gewürz, bilden. Diese Früchte besitzen eine gelblichgraue bis graubraune Farbe, sind meist noch zusammenhängend und häufig gestielt, im Querschnitt rundlich, 5–7 mm lang und 1–2 mm breit. Jede der Teilfrüchte besitzt fünf hellgelbe Hauptrippen, unter denen jeweils ein schmaler Ölgang verläuft.

Kreuzkümmel (Syn.: Kumin), vermutlich die Urform des auch in Mitteleuropa angebauten Kümmels, wird heute u. a. in Indien, dem Iran, in Indonesien, China, der Türkei, UdSSR, auf Sizilien, Malta, Zypern und in weiteren südlichen Mittelmeerländen angebaut. Die Türkei ist für den deutschen Markt Hauptlieferant der mit 980 t im Jahr 1988 angegebenen Importe.

Die Weltproduktion von etwa 100 000 t wird zur Hälfte von Indien und dem Iran erzeugt.

Nach der Aussaat im Frühling folgt die Ernte, wenn die Früchte sich braun verfärben. Mäh- und Erntemaschinen erleichtern diese Tätigkeit, die in früheren Zeiten manuell ausgeführt wurde. Falls erforderlich, werden die Früchte nachgetrocknet, um so eine ausreichende Lagerfähigkeit zu garantieren.

Inhaltsstoffe

Das Gewürz enthält 2,5–4,5% etherisches Öl, dessen Zusammensetzung sich wesentlich von der des Kümmelöls unterscheidet. Der als eigenartig aromatisch und unangenehm wanzenartig (Syn.: Wanzenkümmel) beschriebene Geruch dieser Früchte wird durch Cuminaldehyd (Abb. 15) hervorgerufen. Dieser ist mit 25–35% eine der Hauptölkomponenten. Weiterhin sind Dihydrocuminaldehyd, Cuminalkohol, Myrcen, Sabinen-

Abb. 15

hydrat, α- und β-Pinen (21%), Limonen, α- und β-Phellandren, p-Cymol und δ-Terpinen wichtige Aromaträger des Kreuzkümmels. Insgesamt sind bisher von den 33 Aromastoffen über 70% identifiziert werden.

Die weitere Zusammensetzung ist in Tab. 7 (S. 167) dargestellt.

Verwendung und medizinische Bedeutung

Im Gegensatz zu Kümmel, der sich kaum mit anderen aromatischen Gewürzen verträgt, harmoniert der Kreuzkümmel mit vielen anderen Gewürzaromen, weshalb er als Bestandteil von Currys, Chilipulver, Chutneys (z. B. Mango-Chutney) und Würzsoßen Verwendung findet. In der ostasiatischen Küche schätzt man den würzig brennenden und leicht bitterlichen Geschmack zu Fleischgerichten, Suppen und Salaten. In Frankreich finden wir Kreuzkümmel als Gebäckzutat, in der Schweiz und in Holland ist Kumin eine aromatisierende Komponente in Käsespezialitäten. Ein sparsamer Umgang mit diesem insbesondere aus geschmacklicher Sicht exotischen Gewürz ist sehr ratsam.

Kreuzkümmel ist wie Kümmel ein bewährtes Mittel gegen Verdauungsbeschwerden, er lindert Magen- und Darmkrämpfe und wirkt gegen Blähungen. Zur Vorbeugung gegen solche Beschwerden wird ein Tee aus den Früchten unter Zumischung weiterer Zutaten empfohlen, die geschmacksverbessernd wirken.

Frauen, die während der Schwangerschaft unter gelegentlicher Übelkeit leiden, kann eine Mischung aus Zitronensaft und Kreuzkümmel als helfendes Mittel empfohlen werden.

3.26. Kurkuma

(Abb. S. 155)

Kurkuma (*Curcuma domestica* Val.), zur Familie der *Zingiberaceae* gehörend, bildet wie der Ingwer knollige Wurzelstöcke, die als gelb färbendes Gewürz in aller Welt geschätzt werden. Die Heimat der auch unter dem Namen „Gelbwurz" bekannten Pflanze ist der südostasiatische Raum. Sie wächst bis zu einem Meter heran, besitzt große lanzettliche Blätter und wird vegetativ aus den länglichen Seitentrieben der Rhizome gezogen.

Nach einer etwa zehnmonatigen Wachstumsperiode werden die neugebildeten Wurzelstöcke samt Seitentrieben geerntet. Die rundlich-knollige Hauptachse („Mutterrhizom") kommt häufig unter der Bezeichnung „Curcuma rotunda", die länglich-zylindrischen Seitensprosse („Finger") unter dem Namen „Curcuma longa" in den Handel.

Wichtige Anbauländer sind Indien, wo etwa 80% der gesamten Kurkuma-Ernte von ca. 160 000 t eingebracht werden, ferner Pakistan, China, Sri Lanka, Japan, Taiwan, Thailand, Indonesien und die Westindischen Inseln. Indien verbraucht über 95% des erzeugten Kurkumas im eigenen Lande. Deutsche Importe (1988: 510 t) stammen überwiegend aus Indien (309 t), China (64 t), Thailand (37 t) und Indonesien (24 t).

Die Verarbeitung der Rhizome erfolgt je nach Provenienz unterschiedlich. In Indien werden die frisch geernteten Wurzelstöcke zunächst für 45–60 Minuten gekocht, um die Enzymaktivitäten zu unterbinden, die anschließende Trocknungszeit zu verkürzen, eine Verkleisterung der vorhandenen Stärke und eine gleichmäßige Produktfärbung zu erreichen. Die Trocknung an der Sonne erfordert 5–7 Tage. Hieran schließt sich letztlich das „Pellen" an, d. h. das Entfernen der äußeren Gewebeschichten, die das Rhizom bis zu diesem Zeitpunkt runzlig, schmutzig-braun aussehen ließen.

Vermarktet werden dann die sauberen, leuchtend gelben oder orangegelben Rhizome.

Inhaltsstoffe

Das für die äußerst kräftige Färbung verantwortliche Farbstoffgemisch (Gehalt: 3–3,5%) besteht zu 60% aus Curcumin, zu 25% aus Desmethoxycurcumin und zu 15% aus Bis-Desmethoxycurcumin (Abb. 16). Schwankungen in der Farbstoffzusammensetzung zeigen sich beim Vergleich

Abb. 16

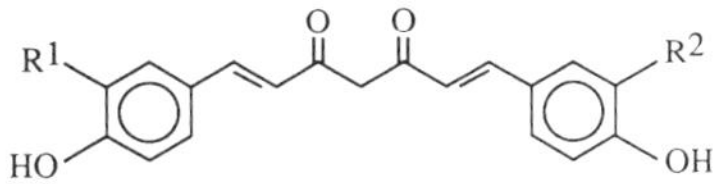

R^1	R^2	
–OMe	–OMe	Curcumin
–OMe	–H	Desmethoxycurcumin
–H	–H	Bis-desmethoxycurcumin

verschiedener Spezies, und daher sind die angegebenen Werte nur als Orientierung zu betrachten.

Das etherische Öl, das zu 2–5% im getrockneten Gewürz enthalten ist, setzt sich aus ca. 60% Sesquiterpenen (Turmeron [–30%], ar-Turmeron [–25%], Zingiberen [–25%], Atlanton u. a.) und Monoterpenen (Cymen, 1,8-Cineol, Phellandren, Sabinen, Borneol u. a.) zusammen. Diese Aromakomponenten bewirken einen ingwerartigen Geruch und einen würzig brennenden, erdig-bitteren Geschmack.

Die weiteren Angaben über den Stärkegehalt usw. entnehme man Tab. 7 (S. 168).

Gute Kurkumaqualitäten (z. B. Alleppey- und Madras-Kurkuma aus Indien) zeichnen sich gegenüber weniger geschätzten Provenienzen (z. B. Westindien) durch einen hohen Ölgehalt, d. h. eine hohe Würzkraft und durch eine kräftige orangegelbe Farbe der frischen Bruchstelle des Rhizoms aus.

Als mögliche Verfälschungen kommt das Untermischen weiterer Kurkuma-Spezies vor, was sich jedoch über die gaschromatographische Analyse der etherischen Ölkomponenten nachweisen läßt. Hierzu kommen Rhizome von *C. xanthorrhiza* Roxb. (Anbau auf Java, Verwendung: pharmazeutisch und als Stärkelieferant), *C. aromatica* Schisb. (wilder Kurkuma, Verwendung: wie Kurkuma) und *C. zedoaria* (Berg.) Rosc. (Zitwer, wird am Ende des Kapitels kurz besprochen) in Frage.

C. mangga Va. & van Zyp. und *C. purpurascens* Bl. haben nur auf Java lokale Bedeutung als Gewürz.

Verwendung und medizinische Bedeutung

Allergrößter Beliebtheit erfreut sich Kurkuma in der asiatischen, nordafrikanischen und in der nahöstlichen Küche. In einigen Ländern verwendet man das Gewürz vermahlen zu Fleisch- und Eigerichten oder zur Färbung von Soßen. Kurkuma ist z. B. wichtige Zutat im traditionellen englischen „Kedgeree“, einem Reisgericht mit Fisch, Erbsen, Zwiebeln, Eiern, Butter und Gewürzen.

Die größten Mengen der Rhizome werden jedoch für die Verarbeitung in Gewürzmischungen oder -zubereitungen vermahlen. So verleiht Kurkuma den meisten Currypulvern und Speisesenfsorten neben dem Aroma auch die charakteristische Färbung. In Marokko gehört Kurkuma zu den Hauptgewürzen und ist unersetzlich in der „La Kama“-Mischung.

Die Bezeichnung „indischer Safran“ für das Rhizomgewürz weist darauf hin, daß es häufig als billiger Safranersatz Verwendung findet.

Die Lagerung des Gewürzes sollte unter Lichtausschluß erfolgen, da die enthaltenen Naturfarbstoffe sehr empfindlich sind und unter Lichteinwirkung zerstört werden.

Als Naturheilmittel wird dem Rhizom vor allem in Indien wegen seiner Wirkung bei Magen-, Leber- und Gallenbeschwerden und seiner antibiotischen Wirkung große Bedeutung beigemessen.

3.26.1. Zitwer

Die in Vorderindien beheimatete Zitwerpflanze (*C. zedoaria* [Berg.] Rosc.), ebenfalls aus der Familie der Ingwergewächse, bildet ein länglich-kegelförmiges Rhizom mit graubrauner Rinde. Angeschnitten zeigt das Rhizom einen blaßroten bis graubraunen Querschnitt. Nach der Ernte und der Reinigung von Erde und Schmutz wird der Wurzelstock in Scheiben geschnitten und getrocknet. Der Geruch ist kampferartig, leicht an Ingwer erinnernd, der Geschmack leicht bitter und scharf.

Neben etherischem Öl (Hauptbestandteil Cineol) sind fettes Öl, Harz, Schleim, Gummi und Stärke wesentliche Inhaltsstoffe.

Als Küchengewürz spielt Zitwer nur noch in Currymischungen eine Rolle. In der Medizin verwendet man die Droge zur Bereitung aromatischer Magenmittel.

Industriell schätzt man das Gewürz als aromatische Zutat für die Herstellung von Likören und Bittern (z. B. Boonekamp, Stonsdorfer).

3.27. Kümmel (Abb. S. 155)

Vor allem in Mittel- und Osteuropa (Niederlande, Polen, Dänemark, Ungarn, CSSR), aber auch in Ägypten und in der Türkei wird die in Europa und Asien heimische Kümmelpflanze (*Carum carvi* L. – *Umbelliferae*) angebaut.

Die zweijährige Pflanze erreicht im zweiten Jahr eine Höhe von bis zu 1 m, sie ist stark verzweigt und entwickelt im Frühsommer kleine, weiß bis rötlich gefärbte, in Dolden stehende Blüten, aus denen sich die bekannten, etwa 5 mm langen und 1–1,5 mm breiten, sichelförmig gekrümmten Spaltfrüchte bilden.

Die reife Frucht ist braun und mit fünf hellfarbigen Rippen versehen.

Die feldmäßig kultivierte Pflanze wird mittels Mähmaschinen geschnitten, zum Nachreifen noch auf dem Feld belassen, später gedroschen und, falls erforderlich, noch nachgetrocknet. Durchschnittliche Hektarerträge liegen bei 2 200 kg. Hauptlieferländer für die Bundesrepublik waren 1988 Polen (1 342 t), die Niederlande (624 t) und Ungarn (560 t), die zusammen etwa 85% der gesamten Importmenge erbrachten. Sehr gute Kümmelqualitäten wachsen in den Niederlanden. Die küstennahen Böden und das Nordseeklima scheinen ideale Bedingungen für die Entwicklung des Kümmels zu bieten. Der Anteil fremder Saaten (Besatz) liegt in guten Qualitäten unter 0,2%.

Verfälschungen kommen praktisch bei der Kümmelfrucht nicht vor, jedoch ist eine Vermischung geringerwertiger Provenienzen mit Spitzenqualitäten nicht ausgeschlossen.

Inhaltsstoffe und Verwendung

Der Kümmel schmeckt würzig aromatisch und etwas brennend, sein Geruch ist kräftig aromatisch. Die geruchsbestimmende Hauptkomponente des mit 2,5–6,0% enthaltenen etherischen Öls ist (+)-Carvon (50–65%). Daneben ist (+)-Limonen mit bis zu 50% eine wichtige Aromasubstanz, und u. a. sind α- und β-Pinen, Sabinen, 3-Caren, Isomere des Dihydrocarvon, Dihydrocarveol und Carveol nachweisbar. Fettes Öl, Protein und Kohlenhydrate sind die Hauptinhaltsstoffe des Kümmels, über deren Gehalte Tab. 7 (S. 168) u. a. Auskunft gibt.

In Deutschland gehört Kümmel zur Gruppe der fünf beliebtesten und daher viel verwendeten Gewürze. Regional starken Schwankungen unterworfen, setzt man ihn zum Würzen von Kohlgerichten, Kartoffeln (Kartoffeln vom Blech), Quark, Käse, Sauerkraut, Suppen, Soßen, Wurstwaren und Brot ein. Seine Aromastoffe bereichern auch industriell hergestellte alkoholische Getränke (z. B. Kümmelschnaps).

Ähnlich wie Fenchel und Anis besitzt Kümmel eine spasmolytische Wirkung und wird als Karminativum (blähungstreibendes Mittel) verwendet. Dem Kümmelöl wird auch eine beträchtliche fungizide Wirkung zugeschrieben. Gleiche Teile von Kümmel, Fenchel, Anis und getrockneten Brennesseln ergeben einen Tee, der die Milchbildung bei stillenden Müttern steigert.

3.28. Lavendel

(Abb. S. 156)

Für Liebhaber der Provence gehören die blühenden, duftenden Lavendelfelder zu den schönsten Erinnerungen. Die an den westlichen Küsten des Mittelmeeres heimische Lavendelpflanze (*Lavandula angustifolia* Mill. – *Lamiaceae*) wird vor allem in Südfrankreich, Spanien, Albanien, Jugoslawien und Ungarn kultiviert. Vornehmlich auf kalkhaltigen Hanglagen, die eine intensive Sonnenbestrahlung gewährleisten, gedeiht der Halbstrauch vorzüglich und erreicht dort bis zu 60 cm Höhe. Sein aufrechter, meist vierkantiger, behaarter, verholzter und stark verästelter Stengel ist reich mit linealischen Laubblättern von 2–6 cm Länge begrünt. In der Blütezeit (Juni bis August) entwickeln sich an den bis zu 20 cm hohen Blütenständen 6- bis 10blütige Quirle, die eine Scheinähre bilden.

Es sind die 1 cm langen, hellblau bis violetten getrockneten Blüten, die als intensiv angenehm aromatisch riechende und bitter schmeckende Pflanzenteile als Gewürz und zu vielen anderen Zwecken geerntet und gehandelt werden.

Verfälschungen mit Blüten verwandter Arten, besonders *Lavandula hybrida,* einem Bastard aus *L. angustifolia* und *L. latifolia,* kommen leider vor.

Inhaltsstoffe

Die Blüten enthalten 1–3% eines sehr wohlriechenden Öls, dessen Hauptkomponente Linalylacetat (30–55%) ist. Weitere wichtige Aromastoffe sind u. a. Linalool (20–35%), β-Ocimen, Cineol, Kampfer und Caryophyllenepoxid. Ferner sind in den Blüten 5–10% Gerbstoffe enthalten, die chemisch vermutlich den Rosmarinsäurederivaten zuzurechnen sind. Schließlich ist die Anwesenheit von Cumarinderivaten erwähnenswert.

Eine Verfälschung mit *L. hybrida*-Blüten ist nur durch sorgfältige Analyse des etherischen Öls möglich, wobei ein höherer Cineol- und ein niedrigerer Linalylacetatgehalt gefunden wird.

Verwendung und medizinische Bedeutung

In der südfranzösischen Küche werden neben den Lavendelblüten auch die Blätter zum Würzen von Speisen verwendet, da sie aufgrund ihres geringeren Aromastoffgehaltes wesentlich besser zu dosieren sind als die sehr intensiven Blüten, mit denen man leicht überwürzen kann.

Ein zu großzügiger Einsatz der Blüten führt zu einem unerwünschten, parfümartigen Beigeschmack. In sehr vielen Rezepturen der „Kräuter der Provence" ist das für die Provence typische Gewürz enthalten.

So benutzt man Blüten oder Blätter zur Würzung von Fisch (Forelle), Fischsuppen, Fleisch (Hammelbraten) und Gemüse.

Phytotherapeutisch wird Lavendel hauptsächlich zur Beruhigung eingesetzt. So wirkt Lavendeltee (1–2 Teelöffel auf 1 Tasse, 10 Minuten ziehen lassen) bei Unruhezuständen, Einschlafstörungen, Appetitlosigkeit und nervösen Magen- und Darmbeschwerden.

„Lavendelspiritus" wird in die Haut eingerieben und hat sich bei rheumatischen und traumatischen (Stoßprellung) Beschwerden und Schmerzen des Bewegungsapparates bewährt. Diese und andere Lavendelzubereitungen (z. B. Lavendelöl) sind Bestandteile vieler Salben, Gels und Cremes, die im Handel angeboten werden.

Lavendelöl wird in der Kosmetik- und Seifenindustrie in großer Menge verarbeitet.

Im Kleiderschrank sorgt ein mit Lavendelblüten gefülltes Säckchen nicht nur für einen angenehmen Duft, sondern schützt auch vor Mottenfraß (Repellent). Damit sind die Blüten den unangenehm riechenden Mottenkugeln hoch überlegen.

Vor übertriebenem Lavendelkonsum muß jedoch gewarnt werden, da dieser zu Somnolenz (krankhafter Schläfrigkeit) führt.

3.29. Lorbeergewürze (Abb. S. 156)

3.29.1. Lorbeerblätter

Der Lorbeerbaum (*Laurus nobilis* L.), der der Familie der Lorbeergewächse (Lauraceae) seinen Namen gab, stammt aus Kleinasien. Heute ist er im ganzen Mittelmeergebiet (Türkei, Griechenland, Jugoslawien, Italien, Albanien, Spanien, Marokko), in den USA und der UdSSR verbreitet. Die deutschen Importe (1988: 241 t) stammen zu 97% aus der Türkei.

Wildwachsend erreicht der üppig belaubte, immergrüne Baum eine Höhe von 10–15 m. Zur bequemeren Ernte wird er jedoch in Kultur stark zurückgeschnitten. An den Zweigenden entwickeln sich aus den Blattachseln kleine Dolden mit weiß-gelblichen Blüten.

Die Lorbeerblätter werden mit der Hand gepflückt und an schattigen Orten getrocknet. Sie sind kurzstielig, lederartig, spröde, 3–8 cm lang und 1–3 cm breit, von lanzettlicher Form und grüner bis bräunlich-grüner Farbe. Der Blattrand ist im getrockneten Zustand häufig leicht wellig, und die Blattnerven treten deutlich hervor.

Inhaltsstoffe

Der stark würzige Geruch und der mild aromatische, leicht bittere Geschmack wird im wesentlichen von dem in Exkretzellen der Blätter enthaltenen etherischen Öl (0,8–3%) bestimmt. Annähernd 50 Aromasubstanzen konnten bisher identifiziert werden, wobei 1,8-Cineol mit 50–70% Anteil die wichtigste Komponente ist. Daneben findet man Eugenol, Geraniol, Linalool und etwa 12% Terpene (u. a. Pinen, Phellandren). Zusätzlich sind Gerb- und Bitterstoffe vorhanden.

Die weitere Zusammensetzung des Lorbeerblattes geht aus Tab. 7 (S. 168) hervor.

Verwendung

Lorbeerblätter sind Zutaten des klassischen französischen „Bouquet garni“ und werden häufig an Brühen, Schmorgerichte und französische Pâtés gegeben. Ferner verwendet man das Blattgewürz bei der Zubereitung von Fisch- und Fleischmarinaden, Suppen, Soßen, Frikassees, Essiggemüse und als Einlegegewürz für Gurken. Gemahlener Lorbeer ist häufig ein Bestandteil von Wurstgewürzmischungen.

Aus den „Lorbeeren“, den reifen, beerenartigen, 1–1,5 cm großen, blauschwarzen Früchten des Lorbeerbaumes, gewinnt man das stark aromatische, fette Öl, das für die Likörherstellung, aber hauptsächlich für die Zubereitung von Salben Verwendung findet.

Siegreiche Feldherren, Sänger, Dichter und Sportler wurden schon im Altertum mit dem „Lorbeerkranz“ geehrt, der das Zeichen des Gottes Apoll war. Für diesen Zweck haben wir heute keinen Lorbeerblattbedarf mehr.

Tip: In der Regel genügt zum Würzen bereits ein Blatt, bei empfindlichen Gerichten schon ein halbes Blatt. Es wird mitgekocht und kurz vor Ende der Garzeit entfernt.

3.29.2. Weitere Lorbeerblattgewächse

Weitere, bei uns noch unbekannte Lorbeerblattgewächse haben in anderen Ländern bereits ihren festen Platz als Gewürz erobert. So bleibt es abzuwarten, ob wir eines Tages „Westindische Lorbeerblätter“ (*Pimenta racemosa* Miller), „Kalifornische Lorbeerblätter“ (*Umbelleria california* Nutt.), „Chinesische oder Indonesische Lorbeerblätter“ *(Eugenia polyantha)* als Gewürzzutaten für die Zubereitung exotischer Gerichte verwenden werden.

3.30. Majoran (Abb. S. 157)

Zur Familie der Lippenblütler *(Labiatae)* gehören einige bedeutende Gewürzkräuter, von denen der Majoran (*Majorana hortensis* Moench., Syn. *Origanum majorana* L.) von großer Bedeutung ist. Das in Kleinasien beheimatete Kraut wird vor allem in der DDR, Ägypten, Frankreich, Rumänien, Ungarn und Tunesien angebaut. Darüber hinaus wird es auch in der CSSR, Polen, Jugoslawien, Bulgarien, Portugal, Algerien, Syrien und im nördlichen Indien kultiviert. Die dicht am Boden wachsende Pflanze erreicht selten Höhen von über 50 cm, ist stark verästelt und besitzt grau-grünliche bis rötlich-braune filzig behaarte, vierkantige Stengel. Auch die 5–25 mm langen und bis zu 10 mm breiten ganzrandigen Blätter sind behaart und erscheinen dadurch graufilzig.

Von Juli bis September ist die Blütezeit, in der der Majoran weiß-rosa gefärbte Blütenstände bildet. Im Gewürzanbau unterscheidet man zwei Formen:

1. Blattmajoran (Französischer Staudenmajoran)
2. Knospenmajoran (Deutscher Majoran).

Blattmajoran ist kräftiger als Knospenmajoran, stärker verzweigt und größer. Der letztere hat dagegen zahlreiche Knospen und Blüten in größeren ährenartigen Blütenständen. Majoran ist frostempfindlich und kann nur in frostfreien mediterranen Anbaugebieten mehrjährig, sonst nur einjährig kultiviert werden. Je nach Beschaffenheit erfolgt die Kultur über eine direkte Freilandaussaat oder über eine Pflanzkultur. Die Ernte, die zur Erreichung einer optimalen Qualität kurz vor oder während der Blütezeit erfolgt, ist heute weitgehend mechanisiert.

Die Pflanze treibt nach dem ersten Schnitt nochmals aus und kann später erneut geschnitten werden.

Nach einer schonenden Trocknung wird das Kraut in Rebelwerken verarbeitet, in dem die Blätter und Blütenteile vom Stengel abgestreift (gerebelt) oder die oberen Pflanzenteile fein geschnitten werden. Die übliche Handelsware ist das gerebelte Kraut, das in guter Qualität keine verholzten Stengelreste enthalten darf. Das schon erwähnte bodennahe Wachstum verursacht eine erhöhte Verunreinigung des Gewürzes durch Erde bzw. Sand, so daß der Majoran intensiv gereinigt werden muß, denn schon geringe (2%) Sandanteile machen sich beim Verzehr u. U. negativ bemerkbar.

Inhaltsstoffe

Das etherische Öl, das je nach Provenienz, Kultur, Düngung usw. starken Schwankungen unterliegt, erreicht 0,9–2,2% und ist in den für die Labiaten typischen Drüsenschuppen lokalisiert, die sich auf allen Teilen der Pflanze, besonders aber auf den Blättern, finden. Es enthält etwa 40 Aromasubstanzen, von denen cis-Sabinenhydrat, Terpineol-4, α-Terpineol, α-Terpinen, Terpinenyl-4-acetat, 1,8-Cineol mengenmäßig dominieren.

Die in geringen Mengen enthaltenen Bitterstoffe (ca. 0,8%) tragen ebenfalls zur Würzwirkung des Majorans bei. Typisch für die Gruppe der Labiatengewürze ist das Vorkommen der antioxidativ wirkenden Labiatensäure (siehe „Rosmarin"), die im Majoran in einer Konzentration von 2,3% enthalten ist. Weitere Inhaltsstoffe sind der Tab. 7 (S. 168) zu entnehmen.

Verwendung

Majoran ist auch bei uns ein beliebtes Küchengewürz, das vor allem zu schwer im Magen liegenden Gerichten paßt. Hierzu gehören Hülsenfrüchte, Kohl und fette Fleischspeisen (z. B. Hammelfleisch). Auch eine Kartoffelsuppe, Soßen (Tomatensoße, Knoblauchsoße) oder Salate erhalten durch Majoran einen besonderen Geschmack.

In Deutschland ist Majoran ein wichtiges „Wurstgewürz", das besonders zur Herstellung von Blut- und Leberwurst verwendet wird. Bayrische Leberknödel, amerikanische Hamburger, Kasserollengerichte und Pasteten werden ebenfalls durch Majoran geschmacklich bereichert.

3.31. Muskatgewürze (Abb. S. 157)

3.31.1. Muskatsamen und Macis

Der immergrüne Muskatnußbaum (*Myristica fragans* Houtt. – *Myristicaceae*), der gleich zwei Gewürze liefert, kann 15–18 m hoch werden, wird aber in der Kultur bei maximal 10 m gehalten. Die auf Ambon und den Banda-Inseln beheimatete Kulturpflanze wird inzwischen in Indien, Sri Lanka, auf Sumatra, Borneo, Java, den Philippinen, den Westindischen Inseln (Grenada) und Südamerika angebaut.

Hauptexportländer für Muskatgewürze sind Indonesien (Muskatnuß ca. 6500 t, Macis ca. 1050 t im Jahr 1987) und Grenada (Muskatnuß ca. 2500 t, Macis ca. 250 t im Jahr 1987). Exporte aus diesen Ländern werden als „Ostindische“ bzw. „Westindische Provenienz“ bezeichnet. Insgesamt wurden 1988 1 398 t Muskatnüsse in die Bundesrepublik eingeführt (Indonesien 829 t, Grenada 433 t). Die Macis-Importe desselben Jahres betrugen lediglich 415 t (Indonesien 238 t, Grenada 136 t).

Westindische Muskatblüte (Syn.: Macis) unterscheidet sich optisch durch die dem Eigelb ähnliche Farbe deutlich von der dunkleren ostindischen Provenienz, weshalb sie dieser in der Fleischwarenindustrie vorgezogen wird.

Die Pflanze blüht während des ganzen Jahres, so daß neben den Blüten stets reife, aprikosenähnliche Früchte zu finden sind, deren Ernte (1500–2000 Früchte/Baum) sich jedoch auf 2–3 Termine jährlich beschränken.

Die hellgelbe, etwa 5–6 cm lange, einsamige Beere benötigt ca. 9 Monate bis zur Reife. Im reifen Stadium platzt das fleischige Perikarp an Bauch- und Rückenseite auf und gibt den Blick auf den bis 3 cm großen, den braungefärbten Samen umgebenden Samenmantel (Arillus) frei. Der Arillus wird beim Trocknen gelb und brüchig. Nach der Ernte wird die Fruchtwand unmittelbar, der Arillus noch vor und die harte Samenschale nach dem Trocknen entfernt. Nach ca. 3–6 Wochen ist der Trocknungsvorgang abgeschlossen, und die Samenschale kann – wie bei einer Nuß – mechanisch geknackt und entfernt werden. Während der Trocknung verliert die „Nuß“ ca. 25% ihres Frischgewichtes.

Getrocknet werden die Nüsse nach Größe sortiert, so daß z. B. 80 oder 110 der Samen das Gewicht eines englischen Pfundes (453,6 g) ergeben. Diese werden als „80er“ bzw. „110er“ angeboten. Unsortierte Nüsse verschiedener Größe und Gewicht werden in Indonesien als „ABCD-Nüsse“, in Westindien als „unsorted“ gehandelt.

Defekte oder geschrumpfte Muskatnüsse kommen als „Schrumpfnüsse" bzw. „Defective" in den Handel. Schlechteste Qualitäten, die nur noch zur Extraktion verwendet werden sollten, werden als „BWP-Ware" (broken, wurmy, punky = gebrochen, wurmig, schäbig) bezeichnet (Importmenge 1988 – 31 t). Diese häufig mäßig bis stark schimmeligen Muskatnüsse enthalten nicht selten auch Stoffwechselprodukte von Schimmelpilzen (z. B. *Aspergillus flavus*), sogenannte Aflatoxine, die starke hepatocancerogene Eigenschaften besitzen. Verantwortungsvolle Hersteller von Muskatmahlprodukten setzen diese „Qualität" nicht ein.

In vielen Anbaugebieten wurden die Samen zum Schutz gegen Insektenbefall in Kalkmilch getaucht und wieder getrocknet. Das Kalken hat eine lange Tradition, die sich daraus ableitet, daß die Monopolisten des Mittelalters durch diese Behandlung der Samen deren Keimfähigkeit zerstörten, um zu verhindern, daß der Muskatanbau über die von ihnen kontrollierten Gebiete hinaus erfolgen konnte. Eine solche Behandlung ist heute nicht mehr gebräuchlich.

Neben *Myristica fragrans* werden auch die Samen des Papua-Muskatnußbaumes *Myristica argentea* Warb. gehandelt. Das weniger feine Aroma dieser Art erklärt sich durch einen gegenüber *M. fragrans* erhöhten Safrolgehalt. Ein Zusatz von *M. argentea*-Samen gilt als Verfälschung.

Inhaltsstoffe

Neben den in Tabelle 7 (S. 168) genannten Inhaltsstoffen für Macis und Muskatnuß enthalten beide Gewürze erhebliche Mengen etherischen Öls (Macis ca. 12%/Muskatnuß ca. 10%). Im Muskatöl sind 60–90% Monoterpenkohlenwasserstoffe (u. a. α- und β-Pinen, Camphen, p-Cymen, Sabinen, Phellandren, Terpinen, Limonen, Myrcen), 5–15% oxidierte Monoterpene (u. a. Linalool, Geraniol, Terpineol, Terpinen-4-ol) und 2–18% aromatische Phenylpropanderivate (Myristicin, Elemicin, Safrol – Abb. 17) die wichtigen Aromaträger.

Das Macisöl besitzt eine zum Muskatöl veränderte Zusammensetzung dieser Aromastoffe, die insgesamt ein deutlich feineres Aroma erzeugt.

Medizinische Bedeutung

Nach zu hoher Dosierung von Muskat oder Macis zeigen sich akute Vergiftungserscheinungen, die sich in Schweißausbrüchen, Harndrang, Kopfschmerzen und Gleichgewichtsstörungen äußern. Rauschzustände, die man mehrere Stunden nach dem Verzehr großer Mengen (3–4 Nüsse)

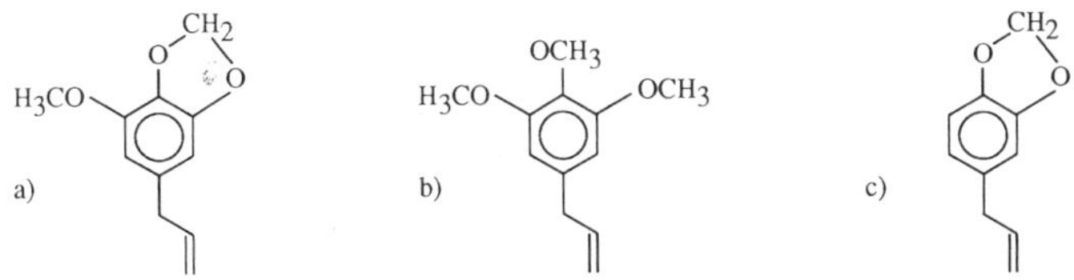

Abb. 17
a) Myristicin, b) Elemicin, c) Safrol

dieser Gewürze beobachtete, führt man auf die im etherischen Öl vorhandenen Phenylallyl-Körper Myristicin und Elemicin zurück, die im menschlichen Organismus zu Amphetaminderivaten umgesetzt werden, die strukturell dem Rauschmittel Mescalin ähnlich sind. Die in der Literatur beschriebenen Nebenwirkungen eines überhöhten Konsums dieser Gewürze wird als so fürchterlich beschrieben, daß aus diesem Grund und aufgrund des intensiv aromatisch würzigen Geschmackes ein Mißbrauch bzw. eine Schädigung der Gesundheit nicht zu erwarten ist.

Verwendung

Macis und Muskat sind in der Küche häufig gegeneinander austauschbar, wenngleich Muskatblüte das schon erwähnte feinere Aroma besitzt und die Muskatnuß nicht in jedem Fall an ihre Stelle treten kann.

Ein dezenter Muskatgeschmack, der schon durch geringste Mengen zu erreichen ist, darf an folgenden Speisen nicht fehlen: Blumenkohl, Karotten, Kohlrabi, Porree, Rosenkohl, Wirsing, Kartoffelbrei, Grießklößchen, Reisgerichte, Gemüsesuppen, Fleischbrühen, Geflügelbrühen, Soßen, Hackfleischgerichte, junge Back- und Brathühnchen, Forellen, Seezungen und Rotbarsch. Auch Tomaten- und Gemüsesaft, alkoholische Cocktails, Glühwein, Rotweinpunsch, Teepunsch und Milchmixgetränke schmecken noch besser durch eine Prise Muskat. Auch „süße Sachen" würzt man mit Muskat: Weihnachtsgebäck, Apfelgerichte, Fettgebäck, Eis, Birnen- und Pflaumenkompott sowie heiße Vanille- und Schokoladensoße.

Die gemahlenen Gewürze und auch die etherischen Öle oder Oleoresine (Gewürzauszüge) finden industriell vor allem in der fleischverarbeitenden Industrie Anwendung. Das Öl wird auch von Seifen- und Kosmetika- sowie Likörherstellern geschätzt.

Das Muskatfett (Muskatbutter) dient in der Pharmazie zur Bereitung von Salben, Linimenten (flüssige Einreibemittel) und Seifen. Muskatwirkstoffe werden auch verschiedenen Arzneimitteln zugegeben, die gegen Magenkrankheiten, Erkältung und Rheuma verschrieben werden.

3.32. Nelken (Abb. S. 158)

Der Gewürznelkenbaum (*Syzygium aromaticum* [L.] Merr. et Perry. = *Eugenia caryophyllata* Thunb.) gehört zur Familie der Myrtengewächse *(Myrtaceae)*, wird 10–14 m hoch und hat ein schmales, fast zylindrisches Aussehen mit starken Verzweigungen an der Basis. Die dunkelgrün glänzenden, elliptisch geformten Blätter werden bis zu 12 cm lang. An den Zweigspitzen bilden sich zweimal jährlich Blütenstände, die jeweils 5–20 Blüten liefern.

Die grünen, sich nach rot verfärbenden, unreifen Blütenknospen sind das Handelsprodukt. Die Nelke besteht aus dem 3–4 mm dicken, stumpfvierkantigen unterständigen Fruchtknoten, der sich nach unten in den Unterkelch verlängert. Am oberen Ende bilden 4 Blumenkronblätter ein geschlossenes Köpfchen, das sowohl den Griffel wie auch die Staubblätter umgibt.

Der richtige Erntezeitpunkt ist von entscheidender Bedeutung für die Qualität des Endproduktes, das dann zwischen 16–20% etherisches Nelkenöl enthalten kann. Ein guter Pflücker erntet etwa 55 kg frische Knospen pro Arbeitstag.

Der aus Samen gezogene Baum erreicht vom 6. bis zum 60. Jahr Ernten von etwa 3 kg. Beim Trocknen an der Luft oder an der Sonne verliert die Knospe etwa 70% ihres ursprünglichen Gewichtes. Die künstliche Trocknung wird nicht praktiziert, da hierbei ein zu hoher Verlust etherischer Ölkomponenten festzustellen ist.

Der Ursprung des Nelkenbaumes wird auf den Molukken vermutet. Im Laufe der Geschichte hat er sich jedoch weit über die tropischen Gebiete der Erde verbreitet und wird heute auf Madagaskar, Réunion, Sri Lanka, in Indonesien, Malaysia sowie besonders auf Sansibar, Pemba und Ambon kultiviert. Die zuletzt genannten Inseln liefern ca. 90% der Weltproduktion. Der jährliche Gesamthandel beläuft sich auf etwa 18 000 t. Hiervon importierte Indonesien bisher die Hälfte für die Produktion von aromatisierten „Kretek“-Zigaretten. Durch eigene Anbauerfolge vermindern sich die indonesischen Importquoten für Gewürznelken jedoch spürbar.

Die Bundesrepublik importierte 1988 ca. 5000 t Nelken, Nelkenstiele und Mutternelken (siehe unten), wovon allein 2600 t von Madagaskar und etwa 1800 t von den Komoren stammten.

Inhaltsstoffe

Die Hauptkomponente des für den starken Geruch und den brennend-aromatischen Nelkengeschmack verantwortlichen etherischen Öls ist das darin zu 70–85% enthaltene Eugenol. Daneben sind Eugenolacetat (bis 17%) und β-Caryophyllen (5–12%) die quantitativ dominierenden Komponenten, die zusammen ca. 99% des Gesamtöls ausmachen. Das letzte Prozent setzt sich aber immerhin noch aus ca. 27 Verbindungen zusammen!

Die durchschnittliche chemische Zusammensetzung der Gewürznelke ist in Tab. 7 (S. 168) angegeben. Eine gute Qualität zeichnet sich durch einen hohen Ölgehalt, eine kräftig braune bis rotbraune Farbe mit etwas hellerem Köpfchen, einen geringen Anteil an Stielen oder sonstigem Besatz sowie durch vollständig erhaltene Knospen mit geschlossenem Köpfchen aus. Der Wassergehalt der Trockenware soll 16% nicht übersteigen. Bei unvollständiger Trocknung entstehen durch Fermentationsprozesse sogenannte „Khoker-Nelken", die durch eine fahlbraune Färbung oder ihre mehlig-weiße Oberfläche auffallen.

Tip: Vollwertige Nelken erkennt man daran, daß sie in Wasser absinken oder sich mit dem Köpfchen nach oben senkrecht stellen. Extrahierte oder minderwertige Ware nimmt auf der Wasseroberfläche eine waagerechte Lage ein (Schwimmtest).

Als Verfälschung gilt das Vermahlen minderwertiger Nelkenstiele, die nur 5–7% Öl enthalten, welches kein Eugenolacetat aufweist. Selbst die Nelkenblätter enthalten mit 2% noch für die Extraktion interessante Ölgehalte, so daß auch Verfälschungen von Nelken- mit Nelkenblattextrakten beobachtet wurden.

Verwendung

Nelken werden wie der Zimt in süßen und würzigen Speisen als Zutat geschätzt. Sie geben sowohl Süßspeisen und Backwaren (z. B. Lebkuchen), Fleisch- und Fischgerichten, Suppen, Brühen, Marinaden, Beizen, Gemüse (z. B. Rotkohl) als auch dem Glühwein oder der Feuerzangenbowle den letzten Pfiff. Auch als Bestandteil vieler Gewürzmischungen sind sie unentbehrlich (Curry, Backgewürze, Einlegegewürz, Quatre Epices).

Industriell werden die Gewürznelken zur Wurstwarenherstellung und zur Fertigung von Back- und Konditoreierzeugnissen benötigt. Das Nelkenöl ist zum Aromatisieren von alkoholischen Getränken und für die kosmetische Industrie ein wichtiger Rohstoff.

Medizinische Bedeutung

Nelken wirken anregend, steigern die Durchblutung, fördern den Appetit und die Verdauung und beugen Blähungen vor. Vor allem das Eugenol zeigt eine kräftige antimikrobielle Wirkung, so daß das Nelkenöl auch in unserer Zeit noch in den Zahnarztpraxen zur Desinfektion verwendet wird.

3.32.1. Mutternelken

Entwickeln sich die etwa 15 mm großen Nelkenknospen am Baum bis zur befruchteten Blüte, so entsteht eine dunkelrote Beere, die „Mutternelke" genannt wird. Die auch als „Anthophylli" bezeichneten, 2,5–3,5 cm langen und 1,2–1,5 cm dicken Beerenfrüchte werden vor ihrer völligen Reife gepflückt. Die getrockneten Beeren besitzen eine braunschwarze Farbe. Ihr etherisches Öl beträgt 2–9% und ist in der Zusammensetzung dem Nelkenöl sehr ähnlich. In Europa haben die Früchte als Gewürz keine Bedeutung.

3.33. Oregano

Eng verwandt mit dem Majoran sind einige Origanum-Arten, deren Heimat das südliche Mittelmeergebiet bis Kleinasien ist.

Neben *Origanum vulgare* L. – *Labiatae*, der auch als „Wilder Majoran" bekannt ist, werden vor allem *O. heradioticum* L. (Falscher Staudenmajoran), *O. gracile* L., *O. glandulosum* Desf., *O. hirtum* Link und *O. onites* Benth. als Gewürzpflanzen gehandelt.

Oregano oder Wilder Majoran ist eine mehrjährige Staude mit aufrechtem, wenig kantigem, 50–100 cm hohem Stengel. Die eiförmigen, ganzrandigen oder schwach gekerbten, behaarten Blätter sind zwischen 1–4 cm lang. Die blaßroten Blüten sitzen in Scheinähren zu großen endständigen Blütenständen zusammen. Die oberen Pflanzenteile werden zur Blütezeit geschnitten, getrocknet und von dickeren Stielen befreit. Das Gewürz wird aus den fein aromatisch riechenden und würzig, leicht bitter, brennend schmeckenden Laubblättern, Blüten und oberen Stengelteilen gebildet.

Häufig wird Oregano auch als „Dost" bezeichnet, was „buschiges Gewächs" bedeutet, wodurch die Morphologie dieser Pflanze sehr gut beschrieben wird.

Die Vermehrung des anspruchslosen Oregano erfolgt im Anbau über Aussaat oder Stecklinge. Er bevorzugt kalkhaltige und trockene Böden, wird vor allem im Mittelmeergebiet und Mexiko kultiviert, kommt aber in diesen Gebieten auch als wildwachsende Pflanze vor, die von Sammlern geerntet wird und so in den Markt gelangt.

Der sehr aromatisch und scharf schmeckende mexikanische Oregano stammt von *Lippia graveolens* L. *(Verbenaceae)* und ist Bestandteil des auch bei uns bekannten „Chili-powders", der „Chili con Carne-Gewürzmischung" und anderer mexikanischer Gewürzspezialitäten.

Inhaltsstoffe

Getrockneter Oregano enthält 0,2–4,0% etherisches Öl, das in Abhängigkeit der Varietät stark schwankende Gehalte von Carvacrol und Thymol aufweisen kann. Der Gehalt beider Phenole kann bei 60–85% liegen. Ein hoher Carvacrolgehalt bedingt einen unangenehm herben Geschmack, während geringe Gehalte mit einem feinen Aroma, aber geringerer Würzkraft einhergehen. Das etherische Öl von *O. vulgare* enthält die beiden Phenole nur in Spuren. Als Bestandteile konnten u. a. Limonen, Linalool,

Terpineol-4, α- und β-Pinen, Terpinen, Ocimen, Caryophyllen, β-Bisabolen und p-Cymen identifiziert werden. Tab. 7 (S. 168) gibt Auskunft über weitere Inhaltsstoffe des Gewürzes.

Verwendung

Oregano ist eines der wichtigsten Gewürze der guten italienischen und spanischen Küche, aber auch im gesamten übrigen Mittelmeerraum beliebt und viel verwendet. Das Gewürz paßt gut zu Omelettes, italienischen Soßen, Tomatengerichten, Fleischmahlzeiten (z. B. Lamm), Gemüseaufläufen, Bohnensuppe und vor allem zu Pizza, die ohne Oregano nicht denkbar wäre.

Tip: Verwenden Sie Oregano mit Vorsicht, da es sich um ein kräftiges Gewürz handelt, und würzen Sie erst kurz vor Ende der Garzeit, damit die Aromastoffe der Hitze nicht länger als 10 Minuten ausgesetzt sind.

3.34. Pfefferartige Gewürze

Außer den Früchten von *Piper nigrum* L. und denen weiterer Piper-Arten gibt es eine ganze Reihe von Früchten oder Samen anderer Pflanzengattungen, die wegen ihres scharfen Geschmacks ebenfalls als Pfeffer bezeichnet werden. Eine Übersicht hierzu gibt Tab. 4.

In früheren Zeiten dienten Teile dieser Pflanzenarten als Pfefferersatz, wenn Pfeffer knapp oder teuer war. In zunehmendem Maße sind einige dieser „Pfeffersorten" heute wieder im Handel erhältlich und finden als exotische Gewürze in der mitteleuropäischen Küche Verwendung.

3.34.1. Szechuanpfeffer

Ein wenig bekanntes Pfeffergewürz ist der Szechuanpfeffer, der in Japan und China angebaut wird. Die einfächrigen Kapseln werden in den Ursprungsländern, ähnlich wie die Früchte der Piper-Arten, im unreifen, grünen Zustand geerntet und frisch verwendet. Gehandelt werden die reifen, getrockneten und dann rotbraun gefärbten Früchte. Verbindungen vom Typ der Alkimide (Amide mehrfach ungesättigter, aliphatischer Säuren (C_{10}-C_{14}) mit Isobutylamin bzw. Hydroxyisobutylamin) sind die für die Gattung *Zanthoxylum* charakteristischen Scharfstoffe, die in allen Pflanzenteilen, vor allem aber in den Fruchtwänden vorkommen. Die Hauptkomponente des Szechuanpfeffers ist das Hydroxy-α-sanshoöl (Abb. 18). Ferner enthält die Fruchtschale noch 2–3% eines stark aromatischen Öls, deren wesentliche den Geschmack und Geruch bestimmenden Komponenten Citral, Citronellal, Cineol, Dipenten, Geraniol und Linalool sind.

Der Kenner verwendet Szechuanpfeffer bevorzugt zum Würzen von Fischgerichten. Vor übertriebenem Genuß muß gewarnt werden, da die Früchte in geringen Mengen toxisch relevante Inhaltsstoffe vom Typ der Psoralene enthalten.

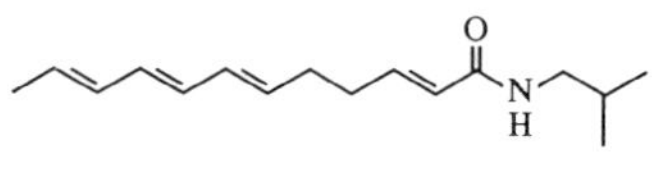

Abb. 18

Tabelle 4. Pfeffer und pfefferartige Gewürze

Familie	Art	Name & Synonyme	Pflanzenteil
Piperaceae	*Piper nigrum* L.	Pfeffer (grüner, roter, schwarzer, weißer)	Steinfrucht
	Piper longum L.	Langer Pfeffer	Steinfrucht
	P. retrofractum Vahl	Stangenpfeffer	Steinfrucht
	Piper cubeba L.	Kubeben-, Stiel-Schwanzpfeffer	Steinfrucht
	Piper guineense Schumach. et Thonn.	Aschantipfeffer	Steinfrucht
Anacardiaceae	*Schinus molle* L.	Peruanischer „Rosa Pfeffer“	Steinfrucht
	Sch. terebinthifolius Raddi	Brasilianischer „Rosa Pfeffer“	Steinfrucht
Annonaceae	*Xylopia aethiopica* A. Rich.	Mohren-Kanipfeffer	Balgfrucht
Myrtaceae	*Pimenta dioica* (L.) Merr.	Jamaica-Nelkenpfeffer	Beere
Rutaceae	*Zanthoxylum piperitum* DC.	Szechuan-, Japanischer Pfeffer	Kapsel
Verbenaceae	*Vitex agnuscastus* L.	Mönchspfeffer	Steinfrucht
Zingiberaceae	*Aframomum melegueta* K. Schum.	Guinea-Meleguetapfeffer	Same

3.34.2. Rosa Pfeffer

Zu Beginn der 50er Jahre tauchten erstmals die vom rosaroten Exokarp befreiten, braunen, stark runzeligen, 4–5 mm großen Früchte des „Peruanischen Pfeffers“ („Mollesaat“) auf dem deutschen Gewürzmarkt auf. Ebenfalls zur Familie der *Anacardiaceae* gehört der rosarote „Brasilianische Pfeffer“, der auch heute wieder als gefriergetrockneter „Rosa Pfeffer“ im Handel erhältlich ist. Der Verbraucher findet die rosaroten Früchte auch häufig in Vermischungen mit schwarzen, weißen und grünen Früchten des „Echten Pfeffers“ (*Piper nigrum* L.). In einer durchsichtigen Pfeffermühle sieht eine solche bunte Mischung sehr dekorativ aus, geschmacklich hat

a) 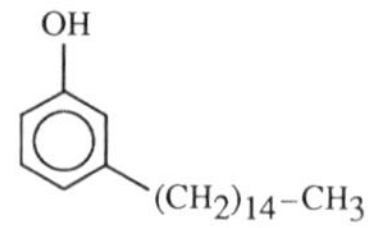

b) 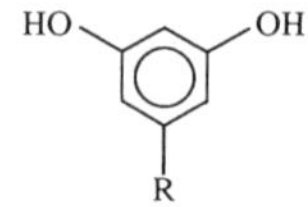

$R = (CH_2)_7{-}CH{=}CH{-}CH_2{-}CH{=}CH{-}(CH_2)_2{-}CH_3$

Abb. 19
a) Cardanol, b) Cardol

sie jedoch keine Vorteile. Der „Rosa Pfeffer“ zeigt deutlichen Terpengeschmack und kann bei übermäßigem Gebrauch sogar zu Gesundheitsschädigungen führen. Die bei Untersuchungen beobachtete schleimhautreizende Wirkung wird von zwei für diese Familie typischen phenolischen Verbindungen (Cardanol, Cardol) hervorgerufen (Abb. 19).

Experten raten vom Verzehr dieser Früchte ab und weisen darauf hin, tunlichst auf den „Echten Pfeffer“ oder die roten Chillies zurückzugreifen.

Das etherische Öl der Schinusfrüchte enthält die Hauptaromakomponenten α-, β-Pinen, Sabinen, Δ^3-Caren, α-, β-Phellandren, Limonen, β-Cymen und Terpineolen.

3.34.3. Kubebenpfeffer

Ein aus Indonesien stammender 6 m hoher Kletterstrauch trägt an seinen 5 cm langen Fruchtähren bis zu 50 gestielte Beeren, die etwas größer als die des echten Pfeffers sind.

Die als Kubebenpfeffer bekannten nahezu kugeligen, runzeligen, dunkelgrauen bis schwarzbraunen Früchte besitzen einen aromatischen, scharf-bitteren Geschmack. Neben bis zu 10% etherischem Öl (Hauptkomponenten: Sabinen, Caren, Cineol) ist das scharf, stark gewürzhaft und kampferähnlich schmeckende Kubebin wichtigster Inhaltsstoff.

In der Pharmazie wird Kubebenpfeffer als blähungstreibendes und auswurfförderndes Mittel eingesetzt. Ferner soll er bei Harnwegserkrankungen und Magenverstimmungen lindernde Wirkung zeigen. Auch hier muß wegen möglicher Nierenreizungen vor einem zu hohen Verzehr gewarnt werden.

3.34.4. Langer Pfeffer

Der aus Indien stammende und dort sehr beliebte „Lange Pfeffer" hat seinen Namen dadurch erhalten, daß die einzelnen „Pfefferkörner" so dicht gedrängt an der Rispe wachsen, daß sie nicht nur aneinanderstoßen, sondern sogar zu einem langen Gesamtgebilde verschmelzen. Sein Aroma ist schwächer als das der *Piper nigrum*-Früchte; der Piperingehalt liegt jedoch deutlich höher. Europäern ist die Schärfe des graufarbigen Gewürzes zu stark, und daher verwendet man es fast ausschließlich in der asiatischen Küche.

3.34.5. Mohrenpfeffer

Die auch unter dem Namen „Kani" bekannten 2,5–5 cm langen, dunkelbraunen, schotenähnlichen Balgfrüchte von *Xylopia aethiopica* A. Rich., die mehrere schwarzbraune Samen enthalten, zeigen einen pfefferartigen, an Muskat erinnernden Geruch und pfefferartigen, etwas bitterlichen Geschmack.

Verschiedene andere *Xylopia*-Arten im tropischen Afrika und Amerika zeichnen sich durch aromatische Rinden und Samen aus, die auch als Gewürz verwendet werden. Hierzu zählt der „Burropfeffer" (*X. langifolia* D. C.), „Guineapfeffer" (*X. aromatica* D. C.) und der „Gestreifte Mohrenpfeffer" (*X. striata* Engl.).

3.34.6. Meleguetapfeffer

Dieser Pfeffer ist in den Tropen Westafrikas beheimatet, wo er einem ganzen Landstrich seinen Namen („Pfefferküste") verlieh. Die scharfwürzigen, braunen Samen sind nur 3–4,5 mm groß und stammen von einer über 2 m großen, orchideenähnlich gelb blühenden Pflanze. Im 15. Jahrhundert hatte Meleguetapfeffer als Pfefferersatz in Europa große Bedeutung, heute beschränkt sich seine Verwendung auf einige afrikanische Staaten. Als Scharfstoffe wurden Paradol-, Gingerol- und Shogaol-Isomere (siehe „Ingwer") erkannt.

3.34.7. Aschantipfeffer

Der aus Zentralafrika stammende Aschantipfeffer dient nur direkt im Erntegebiet als würzende Zutat. Als scharf schmeckendes Prinzip konnte ein Alkaloid des Piperintyps mit Namen Piperx (Abb. 20) identifiziert

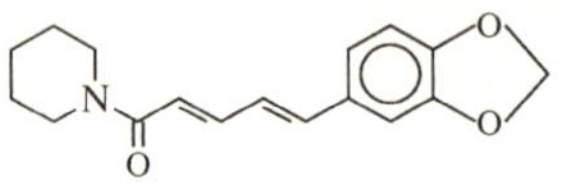

Abb. 20
trans-2-cis-4-Isomeres Piperx
trans-2-trans-4-Isomeres Wisanin

werden. Die 3,5–6 mm großen Früchte haben kugelige Gestalt mit zugespitztem Scheitel. Am Fruchtgrund befindet sich ein ca. 5 mm langer, stielartiger Fortsatz.

Das etherische Öl ist reich an Phenylpropanoiden (Myristicin, Sarisan, Safrol, Elemicin). Mono- und Sequiterpene sind in großer Zahl (ca. 50 Verbindungen), jedoch in nur sehr geringen Konzentrationen nachweisbar. Die im Aschantipfeffer vorkommenden Benzodioxolabkömmlinge zeigen toxische Wirkungen und verbieten einen Verzehr größerer Mengen dieses Gewürzes.

3.34.8. Mönchspfeffer

Die Frucht des im Mittelmeergebiet, in Zentralasien und auf der Krim verbreiteten Mönchspfeffers ist eine viersamige Scheinbeere.

An dem 2–4 m hohen Strauch mit hellbraunen Zweigen entwickeln sich aus den kleinen violetten, blauen, rosa oder weißen Blüten kaum pfefferkorngroße, kugelige Steinbeeren, die außen dunkelbraun-schwärzlich und innen gelblich sind.

Der Geruch der zerriebenen Frucht ist gewürzhaft, der Geschmack scharf und pfefferartig aromatisch.

3.35. Pfeffer

(Abb. S. 158/159)

Der uns sehr vertraute Pfeffer ist die Steinfrucht eines immergrünen Kletterstrauches (*Piper nigrum* L. – *Piperaceae*), der in Südwestindien (Malabar) beheimatet ist, heute jedoch in den Tropenländern beider Hemisphären kultiviert wird. Die Wildpflanze rankt bis zu einer Höhe von 9 m, wird in der Kultur jedoch an Stützpfählen bei ca. 4 m Höhe gehalten. Den dunkelgrünen, ledrigen, ovalen Blättern (7–15 cm lang) stehen kleine weiße Blüten, zu Ähren zusammengefaßt, gegenüber.

Aus den Blüten entwickeln sich nach der Bestäubung einsamige Früchte, die zu 20–50 Stück an den 5–15 cm langen Fruchtständen sitzen. Die erste Ernte kann im dritten Jahr nach der Pflanzung erfolgen, wirtschaftliche Erträge liefert die Pflanze dann über einen Zeitraum von 15–25 Jahren.

Die heutigen Hauptanbaugebiete liegen in Indien, Indonesien, Malaysia und Brasilien. Die Bundesrepublik importierte im Jahr 1988 12 558 t, davon 5478 t aus Indonesien, 2 488 t aus Brasilien, 1904 t aus Malaysia und 1748 t aus Indien. Kleinere Mengen (100–300 t) wurden aus Madagaskar, Thailand, Singapur eingeführt. Etwa 75% der Weltpfefferproduktion (Exportmenge 1987: ca. 110 000 t) entfällt auf schwarzen Pfeffer, der aus den noch unreifen, grünen, aber voll entwickelten Früchten gewonnen wird. Beim Trocknen an der Sonne verfärbt sich die grüne Fruchtschale durch enzymatische Oxidationsprozesse (Bräunungsreaktionen) schwarz, die Beere schrumpft, und die Oberfläche entwickelt eine runzelige Struktur. Der Gewürzertrag aus 100 kg frischen Früchten liegt bei 35 kg. Schwarzer Qualitätspfeffer zeichnet sich durch gleichmäßig große, braunschwarze Körner guten Aromas und kräftiger Schärfe aus, die nur einen technisch unvermeidbaren Anteil an Pfefferspindeln, Pfeffergrus, Fremdbesatz (pfefferfremde Verunreinigungen) und unausgebildeten Früchten oder Samen („Pinheads") besitzen. Die Bezeichnung der Handelsware richtet sich nach der geographischen Herkunft oder nach dem Namen des Verschiffungshafens im Ursprung. Wichtige Provenienzen im Schwarzpfefferhandel sind „Lampong" (Indonesien), „Malabar", „Tellicherry" (Indien), „Sarawak" (Malaysia) und „Brasil" (Brasilien).

Der weiße Pfeffer wird aus reifen, bei der Ernte gelben bis roten Früchten hergestellt, indem sie zunächst gewässert und fermentiert werden. Dabei weicht die harte Fruchtschale auf und läßt sich durch mechanische Behandlung leicht entfernen. Nach nochmaligem Waschen und Trocknen an der Sonne erhält man weißen Pfeffer. In einigen Pfeffer-

Tabelle 5. Malaysische Qualitätsnormen für Pfeffer.

Schwarzer Pfeffer (Sarawak)					
	Standard Pfeffer No. 1	Sarawak Special Black	Sarawak faq Black	Sarawak Field Black	Sarawak Coars Field Black
Kennzeichnung	braun	gelb	schwarz	purpur	grau
Wassergehalt max. %	12,0	14,5	15,0	16,0	16,0
Leichte Beeren max. %	2,0	4,0	8,0	10,0	k. A.
Fremdbesatz max. %	1,0	1,5	3,0	4,0	8,0
Weißer Pfeffer (Sarawak)					
	Standard Pfeffer No. 1	Sarawak Special White	Sarawak faq White	Sarawak Field White	Sarawak Coars Field White
Kennzeichnung	creme	grün	blau	orange	grau
Wassergehalt max. %	12,0	15,0	16,0	16,0	16,0
Leichte Beeren max. %	0,2	0,5	1,0	1,5	k. A.
Fremdbesatz max. %	0,25	0,25	0,5	1,0	3,0
Schwarze Körner max. %	1,0	1,0	2,0	3,0	5,0

anbaugebieten wird auch durch mechanisches Schälen des schwarzen Pfefferkornes eine minderwertige weiße Ware produziert. Diese Manipulation ist vor allem dann zu erwarten, wenn die Weltmarktpreise für weißen Pfeffer erheblich über denen des schwarzen Pfeffers liegen.

Bedingt durch die Fruchtwandverluste, liegen die Ausbeuten bei nur ca. 25%, bezogen auf die frische, reife Frucht.

Hochwertiger weißer Pfeffer besteht aus glatten, gelblichen bis schmutzigweißen, gleichmäßig großen Körnern ohne Besatz oder Fremdbesatz. Im Vergleich zum schwarzen Pfeffer wird der Geschmack als feiner und die Schärfe als geringer beschrieben.

Wichtige Handelstypen sind „Muntok“ (Indonesien), „Sarawak“ (Malaysia) und „Brasil“ (Brasilien).

Tabelle 5 gibt eine Übersicht über die Qualitätsnormen, wie sie für schwarzen und weißen Pfeffer vom „Pepper Board“ Malaysias formuliert wurden.

Seit Ende der 60er Jahre gibt es auch grünen Pfeffer bei uns zu kaufen. Er wird entweder als in saurer Salzlake konservierter oder aber als künstlich getrockneter (oft gefriergetrockneter) grüner Pfeffer angeboten. Das Einlegen in Lake bzw. das künstliche Trocknen schließt eine Verfärbung der Fruchtschale durch Einwirken einer o-Phenoloxidase aus. Durch die Inaktivierung dieses Enzyms bleibt die ursprüngliche Farbe der Pfefferfrucht erhalten.

Hauptlieferländer dieses sehr aromatischen Gewürzes sind Madagaskar, Brasilien und Indien.

Der seit wenigen Jahren in der „Nouvelle Cuisine“ in Mode gekommene „rote Pfeffer“ wird aus den reifen, rotfarbigen Pfefferbeeren hergestellt, ebenfalls in Lake konserviert oder künstlich getrocknet und in diesen Formen in geringen Mengen gehandelt.

Inhaltsstoffe

Das aroma- und geschmackbestimmende etherische Öl (Gehalte in schwarzem Pfeffer: 2,0–3,5%; in weißem Pfeffer: 1,8–2,9%) besteht zu 70–80% aus Monoterpenen (Sabinen [21%], α-, γ-Terpinen, α- [22%], β-Pinen, Δ^3-Caren, Myrcen, Limonen u. a.), oxidierten Monoterpenen (Borneol, Carvon, Carvacrol, 1,8-Cineol, Linalool u. a.), zu 20–30% aus Sesquiterpenen (β-Caryophyllen [17%], Humulen, β-Bisabolon u. a.) und oxidierten Sesquiterpenen (Caryophyllenketon, Caryophyllenoxyd u. a.). Phenylether (Eugenol, Methyleugenol, Myristicin, Safrol u. a.), Aldehyde

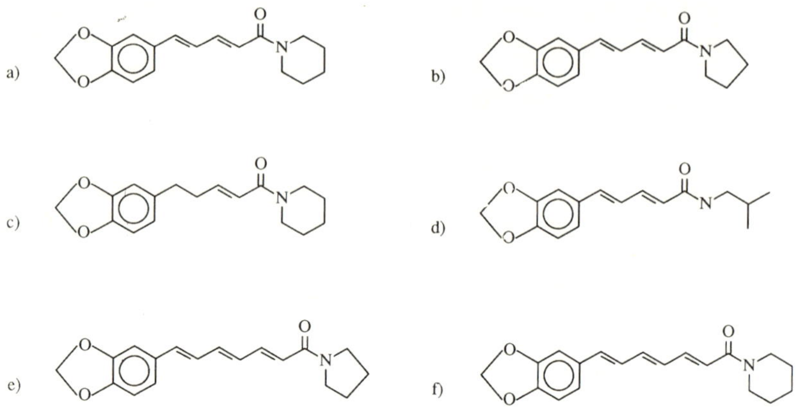

Abb. 21.
a) Piperin, b) Piperylin, c) Piperanin, d) Piperlongumin, e) Piperettylin, f) Piperettin

und organische Säuren komplettieren die Zahl der bisher über 100 identifizierten Aromakomponenten.

Je höher der Monoterpengehalt des Öls, desto frischer ist das Pfefferaroma.

Piperin konnte bereits 1820 von Œrsted als scharf schmeckendes Alkaloid aus Pfeffer isoliert werden. Die Schärfe ist in überragender Weise auf das trans-trans-Piperin (= Piperin) zurückzuführen. Die drei weiteren möglichen Isomere (cis-trans-Piperin [Isopiperin], trans-cis-Piperin [Isochavicin], cis-cis-Piperin [Chavicin]) besitzen nur geringe bis fast keine Schärfewirkung. Weitere Pfefferalkaloide sind Piperlonguminin, Piperylin, Piperanin, Piperettylin und Piperettin (Abb. 21). Der Alkaloidgehalt liegt im Bereich zwischen ca. 3,5–6%, berechnet als Piperin.

Die weitere Zusammensetzung von schwarzem und weißem Pfeffer geht aus Tabelle 7 (S. 169) hervor.

Verwendung

Pfeffer ist das meistverwendete Gewürz (der jährliche Pro-Kopf-Verbrauch in der BRD liegt bei 200 g), und er wird in verschiedenen Zuständen (gemahlen, geschrotet, ganz) in reiner Form und in Kombination mit weiteren Gewürzzutaten angeboten.

Der hohe Pfefferverbrauch deutet bereits darauf hin, daß dieses Gewürz eine universelle Speisezutat zu Suppen, Soßen, Marinaden, Beizen für Fisch und Fleisch, Wurstwaren, Gemüse, Salate und viele andere Gerichte und eine geschmackliche Bereicherung ist.

Frische grüne Pfefferkörner sind ideale Beigaben für Soßen zu Fisch und Geflügel sowie als Steakpfeffer sehr beliebt.

Ein angebrochenes Glas mit grünem Pfeffer sollte im Kühlschrank gelagert und bald nach dem Öffnen verbraucht werden.

Auch bestimmten Süßspeisen wird ein Hauch Pfeffer empfohlen, so z. B. auf frischen Erdbeeren oder Ananas, um deren Aroma zu verstärken.

Medizinische Bedeutung

In der indischen Medizin spielt Pfeffer eine wichtige Rolle. Er regt Appetit und Speichelfluß an, fördert die Verdauung, entlastet den Kreislauf während der Verdauung und wirkt stimulierend. Warme Milch mit gemahlenem Pfeffer und Honig gilt als Hausmittel gegen Erkältung, Halsschmerzen und Bronchitis. Eine pharmakologische Wirkung kommt insbesondere dem Piperin zu, das entzündungshemmend, fiebersenkend und schweißtreibend wirkt.

3.36. Piment

Ein immergrüner tropischer Baum (*Pimenta dioica* [L.] Merr. – *Myrtaceae*) von 7–10 m Höhe liefert Beerenfrüchte, die, getrocknet, als Piment auch in Europa bekannt und beliebt sind. Ursprünglich stammt die Pflanze von den westindischen Inseln und Zentralamerika. Noch heute liegt der Schwerpunkt der Weltproduktion in dieser Region. So sind die Hauptanbauländer neben Jamaika (1987: 2 200 t = 70–80% der Weltproduktion) noch Mexiko, Honduras, Guatemala und Kuba. In geringem Umfang produzieren und liefern auch Réunion und Indien.

Der schlanke Pimentbaum besitzt oval-lanzettliche, 15 cm lange Blätter und weiße, an Rispen zu Scheindolden zusammenstehende Blüten.

Nach dem 6. Jahr können die aus den Samen gezogenen Pflanzen erstmals abgeerntet werden. Im 15. Jahr erreicht der Baum seine höchsten Erträge, die sich dann über viele Jahrzehnte bewahren und jährlich bei einem Ertrag von 45–50 kg liegen. Die Scheindolden werden vor der Vollreife der Beeren – 2 bis 3 Monate nach der Blüte – abgebrochen, die grünen Beeren gepflückt und aufgehäuft. Über 4–5 Tage fermentieren sie und verfärben sich dunkel. Anschließend erfolgt die großzügige Ausbreitung zur Trocknung in der Sonne (8–10 Tage). Dort, wo es wegen starker Regenfälle in der Erntezeit nicht möglich ist, ohne die Gefahr des Verschimmelns zu trocknen, ist man auf eine künstliche Trocknung in dafür geeigneten Öfen (8 Stunden bei 70–75°C) angewiesen, um den Restfeuchtegehalt auf unter 12% abzusenken. Erst dann ist eine gute Lagerstabilität garantiert. Während der Trocknung verlieren die dann dunkelbraun bis rötlichbraun gefärbten, kugeligen, 4–7 mm großen Beeren mit rauher Oberfläche zwischen 40–50% ihres ursprünglichen Gewichtes.

Der Erntezeitpunkt ist von entscheidender Bedeutung für die Qualität des Gewürzes, da die vollreife Beere fast kein Aroma mehr besitzt.

Inhaltsstoffe

Jamaikapiment enthält zwischen 2,0–5,0% etherisches Öl mit 65–80% Eugenol, Eugenolmethylether, 1,8-Cineol, α-Phellandren und etwa 30 weiteren Terpenverbindungen. Der Gehalt an fettem Öl und weiteren Inhaltsstoffen geht aus Tab. 7 (S. 169) hervor.

Die sensorischen Eigenschaften des Piments erinnern an „alle möglichen“ anderen Gewürze. Diese Tatsache erklärt die Synonymbezeichnungen „Nelkenpfeffer“ und „Allgewürz“. Tatsächlich ist der Geruch nelkenähnlich und der Geschmack würzig-brennend und süßlich, stark an Nelke, Pfeffer, Zimt und Muskat erinnernd.

Die außerhalb Jamaikas produzierten Qualitäten werden im Vergleich als geringerwertig angesehen. Der etwas großkörnigere Mexikopiment besitzt z. B. deutlich weniger etherisches Öl als Jamaikaware. Untergemischte Früchte von *Pimenta racemosa* (Mill.) Moore, dem Bayrumbaum sowie Anteile von Piment- oder Nelkenstielen sind als Verfälschungen zu betrachten, da sie die Qualität des Gewürzes mindern.

Verwendung und medizinische Bedeutung

Vor allem in Skandinavien erfreut sich Piment großer Beliebtheit. Fast jedes Gericht eines schwedischen „Smørgasbord" enthält Nelkenpfeffer. Bekannte Gewürzmischungen wie Curry und die französische Gewürzspezialität „Quatre Epices" enthalten ebenfalls Pimentanteile. Mit Piment würzt man Gebäck (Weihnachtsbäckerei), Suppen, Soßen, Fisch- und Fleischgerichte, süße Pasteten und auch Puddings. Die ganze Frucht verwendet man zur Aromatisierung von Beizen und Marinaden.

Auch im gewerblichen und industriellen Bereich (Fleisch-, Fischindustrie, Kosmetikbranche, Getränkehersteller) werden die vielseitigen sensorischen Eigenschaften des Gewürzes geschätzt. Sowohl aus den Beeren als auch aus den Pimentblättern (Ölgehalt 1–1,5% i. Tr.) wird etherisches Öl gewonnen, das in verschiedenen Bereichen (z. B. Bitterlikörherstellung) weiterverarbeitet wird.

Piment besitzt magenstärkende und die Verdauung fördernde Eigenschaften. Seine Bedeutung in der Volksmedizin ist jedoch heute eher gering zu bewerten.

3.37. Rosmarin (Abb. S. 159)

Ein für die italienische und französische Küche typisches Gewürzkraut ist Rosmarin (*Rosmarinus officinalis* L. – *Lamiaceae*). Die aus dem Mittelmeerraum stammende Pflanze wird heute vor allem in Spanien, Portugal, Frankreich, Jugoslawien, Nordafrika und den USA angebaut.

Als immergrüner, verzweigter Halbstrauch wird das Kraut in der mediterranen Macchia bis zu 1,5 m hoch. Die 2–3 cm langen, 0,2–0,4 mm breiten, duftenden, lanzettlichen, dunkelgrünen Lederblätter sind zusammengerollt und sehen aus wie Tannennadeln. Ihre Unterseite zeigt einen grauweißen Filzüberzug. Die kleinen lippenförmigen Blüten stehen in Büscheln zusammen.

Die Vermehrung zum Anbau des Gewürzes erfolgt vegetativ oder generativ. In unseren Breiten zieht man Rosmarin in Topfkulturen, da er nicht winterhart ist. Die Blätter werden während oder nach der Blüte in den Monaten Juli/August geerntet und schonend getrocknet.

Der würzige Duft, den die Pflanze ausströmt, stammt vom etherischen Öl, das in den Drüsenhaaren der Blätter enthalten ist.

Inhaltsstoffe

1,8-Cineol (Anteil ca. 30%), Kampfer (ca. 15–25%), Borneol (ca. 16–20%), Bornylacetat (bis 7%), α-Pinen (bis 25%), Terpineol, Verbenon und

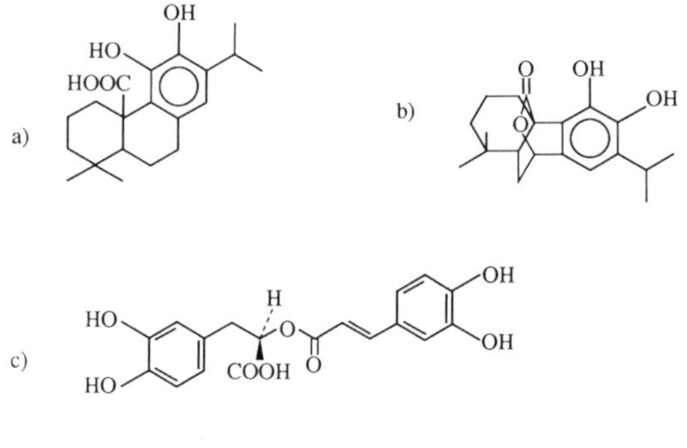

Abb. 22.
a) Carnosolsäure b) Carnosol c) Rosmarinsäure

β-Pinen sind u. a. Aromakomponenten des zwischen 1–2,5% enthaltenen etherischen Öls. Das Borneol ist für den scharfen, leicht brennenden Geschmack, Cineol für das frische, eukalyptusartige Aroma verantwortlich.

Tab. 7 (S. 169) gibt Auskunft über die Anteile der primären Inhaltsstoffe des Rosmarins.

Einige Gewürzextrakte, besonders aus Salbei und Rosmarin, hemmen die Oxidationsprozesse empfindlicher ungesättigter Fettsäuren, d. h. sie sind als natürlich vorkommende Antioxidantien wirksam. Als Wirkstoffe konnten die Rosmarinsäure („Labiatengerbstoff") und die cyclischen Diterpendiphenole Carnosol und Carnosolsäure (Abb. 22) identifiziert werden.

Verwendung und medizinische Bedeutung

Rosmarin ist ein kräftig würzendes Kraut, dessen Aroma zu Gemüse (Erbsen, grünen Bohnen, Spargel, Brokkoli, Blumenkohl, Kartoffeln, Zucchini, Spinat, Steckrüben), Fisch, Geflügel, Omelette, gegrilltem Fleisch, Hühnerfrikassee, Lamm- und Schweinebraten paßt. Die mit Rosmarin gewürzte italienische Fischsuppe begeistert ebenso wie der mit Rosmarin verfeinerte Geschmack einer provenzalischen Hasenterrine bzw. der eines griechischen Stifado.

Als Bestandteil verschiedener Hustenbonbons wirkt Rosmarin aromatisierend und im Rachenbereich gleichzeitig bakteriostatisch.

Auch die Kosmetikindustrie verwendet große Mengen von Rosmarinöl in der Parfümherstellung.

Das etherische Rosmarinöl regt den Appetit an und fördert die Bildung der Magensäfte. Seit Jahrhunderten verwendet man *„Folia Rosmarini"* zur Behandlung von Rheuma und Herz-Kreislauf-Störungen. Im Tierversuch verursachen kleine Gaben des etherischen Öls eine schlagartige Senkung des arteriellen Blutdruckes. Auch die Homöopathie bedient sich seiner in verdünnten Dosen bei Menstruationsstörungen und als Nervenmittel im Klimakterium. Sehr hohe Rosmaringaben, die weit über den üblichen Anwendungsmengen des Gewürzes liegen, können zu Vergiftungserscheinungen führen.

3.38. Safran

(Abb. S. 160)

Ein in seiner Art einzigartiges Gewürz ist der Safran. Hierbei handelt es sich um die getrockneten Blütennarben einer in Vorderasien heimischen Krokusart (*Crocus sativus* L. – *Iridiaceae*), deren Anbau heute vor allem in Spanien (90% der Weltproduktion), Frankreich, Griechenland, Iran, Indien, Pakistan, China, Portugal, aber auch in England, Italien, Japan, Nordafrika und als Kuriosum im Schweizer Kanton Wallis erfolgt.

Die ausdauernde Pflanze treibt aus ihrer unterirdischen Sproßachse (Zwiebel) und entwickelt 6–9 lineare Blätter. Ende September bis Anfang Oktober bilden sich ein bis zwei hellblau-violette dreizählige Blüten. Während dieser Zeit werden die ca. 4 cm langen Blütennarben in den Morgenstunden manuell geerntet. Die Trocknung erfolgt in der Sonne, auf Sieben über schwachem Feuer oder auf Metallplatten über glühender Holzkohle. Dabei verlieren die Narben ca. 80% ihres Frischgewichtes.

Die Ernte von 147 000 Blüten erbringt 1 kg Safrangewürz. Bedenkt man, wie mühselig die Handarbeit bei der Ernte ist – Könner ernten 60–80 Gramm pro Arbeitstag –, versteht man, daß Safran mit Abstand das teuerste der Gewürze ist. Von einem Hektar Anbaufläche werden im ersten Vegetationsjahr bis 6 kg, in den späteren Jahren bis 20 kg geerntet.

In Spanien unterscheidet man die Qualitäten „Coupé“ (bis 5% Blütenreste), „Mancha“ (bis 5% Blütenreste, 10–15% Griffel), „Rio“ (bis 10% Blütenreste, 20–25% Griffel) und „Sierra“ (bis 15% Blütenreste, 25–30% Griffel).

Inhaltsstoffe

Die gelborange bis dunkelrotfarbenen, röhrenförmigen, nach oben trichterförmig erweiterten Narbenschenkel besitzen einen kräftigen an Iodoform erinnernden Geruch und einen würzig-bitteren Geschmack. Das bis zu 1% enthaltene etherische Öl besteht zu 70% aus Terpenaldehyden des 2,6,6-Trimethylhexan-1-carboxaldehyd-Typs.

Hauptbestandteil mit 47% ist das Safranal (Abb. 23), daneben kommen auch Pinen und Cineol als Aromakomponenten vor.

Geschmacksbestimmend ist das Picrocrocin („Safranbitter“) (Abb. 24), ein Glucosid des Safranals.

Die intensive Färbung des Safrans wird durch den Crocingehalt hervorgerufen. Crocin (Di-Gentiobioseester des Crocetins [Abb. 25]) ist wasserlöslich und selbst in einer Verdünnung von 1:100 000 noch deutlich

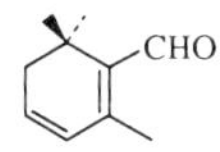

Abb. 23 Safranal

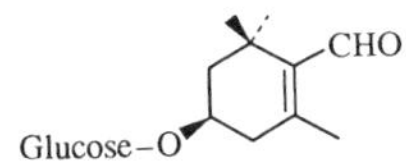

Abb. 24 Picrocrocin

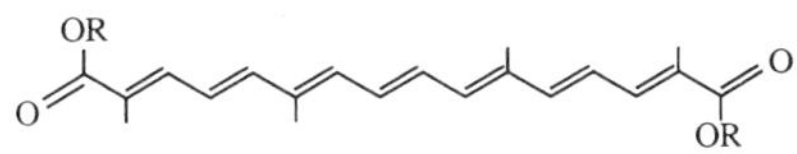

Abb. 25 Crocetin (R = H), Crocin (R = Gentiobiose)

gelb färbend. Die freie Dicarbonsäure, das Crocetin, kommt nur in Spuren, in größerer Konzentration jedoch als Dimethylester vor. Als weitere Farbstoffkomponenten sind noch α- und β-Carotin, Lycopin und Zeaxanthin zu nennen. Neben ca. 70% Fett enthält das Gewürz noch 6% Stärke, 6% Pektin und 13% Zucker.

Verfälschungen

Alles, was besonders wertvoll und teuer ist, wird verfälscht! So ist auch der Safran oft Gegenstand von Verfälschungen. Aus der Geschichte weiß man, daß derartige Manipulationen schon vor Jahrhunderten praktiziert wurden. Im mittelalterlichen Nürnberg wurden Safranfälscher als sogenannte „Gewürzschmierer" samt Ware auf den Scheiterhaufen geführt oder lebendig begraben, was nicht angenehmer gewesen sein dürfte. Heute widmen die innerhalb der Qualitätssicherung tätigen Analytiker möglichen Verfälschungen durch Beimischungen anderer Blüten- oder Pflanzenteile oder durch „Beschweren" der Ware durch Eintauchen in Öl o. ä. große Aufmerksamkeit.

Häufig sind es Touristen, die auf ihren Reisen, vor allem in nordafrikanische Länder, große Mengen „Safran" zu einem unglaublich günstigen Preis erstehen. Solche „Schnäppchen" erweisen sich bei genauer Betrachtung in der Regel als massive Betrügereien, denn der Urlauber ersteht gelb gefärbte spelzenähnliche Pflanzenteile, die mit Safran aber auch gar nichts gemein haben.

Verwendung

Vor allem in der mediterranen Küche hat Safran große Bedeutung. So ist das Gewürz Bestandteil der spanischen „Paella Valenciana", der provenzalischen Fischsuppe „Bouillabaisse" sowie des italienischen „Risotto".

In einem bekannten Kinderlied heißt es: „Safran macht den Kuchen gehl", d. h. Safran wurde von jeher zum Gelbfärben und Aromatisieren von Backwaren, Kuchen und Brot benutzt.

3.39. Salbei (Abb. S. 160)

Zur Labiatenfamilie gehört der Salbei (*Salvia officinalis* L.), der in einer Vielzahl von Kultursorten vorkommt, die sich in ihrer Wuchsform, Stiellänge, Blattgröße, Blattgestaltung, -behaarung und -färbung, aber auch der Blütenfarbe unterscheiden.

Salbei ist eine typisch mediterrane Pflanze (Albanien, Zypern, Jugoslawien, Spanien, Türkei, Portugal), deren Heimat Kleinasien und Syrien ist.

Der 20–70 cm hohe, mehrjährige Halbstrauch besitzt einen verzweigten, mattgrünen und spinnwebig behaarten Sproß. Die Blätter können – je nach Kultursorte – 4–7 cm lang, 1–2 cm breit oder auch bis zu 10 cm lang und 5 cm breit sein. Viele Deckhaare lassen vor allem die Blattunterseite graufilzig erscheinen. Die oberen Pflanzenteile tragen vom zweiten Vegetationsjahr an blauviolette, selten rötliche oder weiße Blüten, die in Scheinquirlen zusammenstehen.

Der Gewürzanbau erfolgt generativ über die Saat in den Monaten März bis Mai. Im Spätsommer folgt die Ernte bei Blütebeginn, die zu Hektarerträgen von 1,2–2,5 t der getrockneten Blätter führt. Als Gewürz werden die getrockneten, von groben Stengelanteilen befreiten geschnittenen Blätter gehandelt, deren Geruch als aromatisch, balsamisch und Geschmack als würzig, bitter und adstringierend beschrieben wird.

Inhaltsstoffe

Das in den Drüsenschuppen der Blätter vorkommende etherische Öl (1–2,5%) ist je nach Subspezies sehr unterschiedlich zusammengesetzt (siehe auch Tab. 7, S. 169). So enthält das Öl des „Dalmatinischen Salbeis" ssp. *major* und *minor* als Hauptkomponente 35–60% Thujon, 15% 1,8-Cineol, größere Mengen Kampfer (ca. 18%), Borneol (ca. 16%) und als weitere Komponenten u. a. Bornylester, α-Pinen und Salven. Der an der dalmatinischen Küste Jugoslawiens wachsende Salbei ist von bester Qualität.

Das Öl des „Spanischen Salbei" ssp. *lavandulifolia* enthält kein Thujon, jedoch einen höheren Cineol- und Kampfergehalt (29% bzw. 34%), während das des „Griechischen Salbei", syn.: „Dreilappiger Salbei" (*Salvia triloba*) wenig Thujon (5%), viel Cineol (64%) und etwa 8% Kampfer aufweist.

Weiterhin besitzen die Blätter 3–7% Gerbstoffe, darunter Rosmarinsäure und Bitterstoffe vom Diterpentyp (siehe „Rosmarin"), die antioxidative Wirkung zeigen. Verfälschungen des Salbeis mit Blättern anderer Salvia-Arten sind häufig festgestellt worden. Vermischungen mit z. B. *S. triloba* lassen sich leicht über das im „Griechischen Salbei" vorkommende Flavon Salvigenin nachweisen, das in *S. officinalis* nicht nachweisbar ist.

Verwendung und medizinische Bedeutung

Salbei besitzt ein außerordentliches Aroma und verliert selbst nach langem Kochen seinen Geschmack nicht völlig, sondern neigt dazu, andere Aromen zu überdecken, weshalb man ihn sparsam verwenden sollte.

Besonders zu fetten Speisen (Schweinefleisch, Gans, Ente) paßt Salbei gut, da er auch die Bekömmlichkeit der schweren Kost fördert. In der griechischen Küche kennt man Hammelfleischspieße mit Speck und Salbeiblättern, in der Provence ist die Knoblauchsuppe „Aigo Boulido" mit Salbei gewürzt, und auch die Italiener schätzen „Saltimbocca alla romana" als eine Spezialität (Kalbsschnitzel), die ohne dieses Gewürz undenkbar ist.

Salbei ist ein bekanntes Volksheilmittel zum Gurgeln bei Erkältungen, gegen Halsschmerzen und Zahnfleischentzündungen und wirkt schließlich günstig bei Leber- und Magenerkrankungen.

3.40. Sassafras

Eine der wenigen in Nordamerika beheimateten Gewürzpflanzen ist Sassafras (*Sassafras albidum* [Nutt.] Nees) aus der Familie der Lorbeergewächse *(Lauraceae)*. Schon den indianischen Ureinwohnern war der bis zu 13 m hohe Sassafrasbaum mit seinen gelben Blüten, aus denen sich dunkelblaue Beeren entwickeln, bekannt.

Der Baum liefert verschiedene Pflanzenteile, die als Gewürz verwendet werden. Es sind die aromatischen Blätter, die Wurzeln, Rinde, Mark und Triebe. Unbrauchbar sind dagegen Blüten und Früchte.

Inhaltsstoffe

Das Wurzelholz enthält 1–2% etherisches Öl, das zu etwa 80% aus Safrol besteht. Daneben kommen Mono- und Sesquiterpene sowie Phenylpropane vor. Bisher sind in dem als pharmazeutische Droge gehandelten Holz 19 verschiedene Ölkomponenten nachgewiesen worden.

Verwendung und medizinische Bedeutung

In der amerikanischen Küche werden vor allem die gelappten, bis 18 cm langen Blätter verwendet, die, getrocknet und vermahlen, als „Filè-Pulver" bekannt sind. Dieses Pulver ist bevorzugte Zutat der stark gewürzten kreolischen Küche. Es paßt zu Suppen, Soßen, Fleisch- und Fischtöpfen, Schmorgerichten und vor allem zu „Gumbo". Hierbei handelt es sich um stark gebundene Suppe aus Okra, Paprikaschoten, Zwiebeln, Tomaten und Chillies, die mit Reis serviert wird.

Das aus Sprossen, Wurzeln und anderen Pflanzenteilen gewonnene Sassafrasöl wird zum Aromatisieren von Lebensmitteln benutzt, nachdem man es vom toxischen Safrol befreit hat.

Sassafrasholz ist Bestandteil einiger weniger Arzneimittel, Kräuterkuren und Tees zur „Blutreinigung". Das enthaltene Safrol und das daraus als Metabolit entstehende 1'-Hydroxysafrol sind als Nervengifte einzustufen und haben sich bei toxikologischen Tests als hepatocancerogen erwiesen.

Die Nebenwirkungen sind hier weit schwerwiegender als eine eventuelle positive pharmazeutische Wirkung, so daß man von einer Sassafrasverwendung abraten muß.

3.41. Schwarzkümmel

Ein in der mitteleuropäischen Küche noch unbekanntes Gewürz ist der Schwarzkümmel (*Nigella sativa* L. – *Ranunculaceae*), der mit Kümmel weder geschmacklich noch botanisch verwandt ist. Die im westlichen Mittelmeergebiet beheimatete, bis 40 cm hohe Pflanze trägt mehrfach fiederspaltige Blätter und bringt an seinen wenigen Verzweigungen zwischen Frühling und Herbst endständige, große Blüten hervor. Die Fruchtblätter verwachsen an der Basis zu einer Sammelbalgfrucht, deren Einzelbälge nach Erreichen der Reife aufplatzen und die rauhen, dreikantigen, fast tropfenförmigen Samen hervorbringen, die außen schwarz und innen ölig weiß sind.

Die Früchte werden je nach Reifestadium nach und nach geerntet, und nach dem Trocknen löst man die als Gewürz genutzten kleinen Samen heraus.

Schwarzkümmel wächst vielfach wild, wird aber auch in Indien und in den Ländern des Nahen Ostens kultiviert.

Inhaltsstoffe

Leider sind die Inhaltsstoffe dieses Gewürzes erst zu einem Teil bekannt. In der Literatur findet man zur Zeit nur Angaben über einen Esteranteil (6–7%), Zucker, Salze (2–3%), geringste Mengen freier Säuren, Lactone, Ketone, Steroide und Alkaloide (z. B. Nigellin-N-oxid). Die Ester bestehen aus ungesättigten Fettsäuren, z. B. Linolsäure mit verschiedenen höheren Terpenoiden. Ferner ist ein als Nigellin bezeichneter Bitterstoff enthalten. Die Wasserdampfdestillation des Gewürzes ergibt nur ca. 0,5% eines gelben etherischen Öls.

Verwendung

Die getrockneten Samen streut man in Ländern des Nahen Ostens und in Indien auf Brot und Backwaren, verwendet sie zum Einlegen von Kohl, Gurken oder Melonen oder aber würzt auch Süßspeisen mit dem zunächst bitter und dann pfefferähnlich scharf schmeckenden Gewürz. Wegen dieser sensorischen Eigenschaften ist Schwarzkümmel, der in Indien auch „Kalonji“ heißt, ein guter Pfefferersatz. Oft werden die Samen vor ihrer Verwendung leicht geröstet, wie es auch bei Curryzutaten zur Intensivierung bestimmter Aromaeindrücke praktiziert wird.

Auch Gewürzmischungen, wie die bengalische Fünf-Gewürz-Mischung „Panchphoran“, enthalten Schwarzkümmelsaat. Panchphoran ist ein vorzügliches Gewürz zum Braten von Fisch, Fleisch und Geflügel, paßt aber auch gut zu Gemüsen (z. B. Tomaten, Auberginen) und setzt sich etwa wie folgt zusammen: 2 Teile Kreuzkümmel, 2 3/4 Teile Fenchel, 1 Teil Bockshornkleesaat, 1 3/4 Teile schwarzer Senf und 1–2 Teile Schwarzkümmel, alle Zutaten unzerkleinert.

3.42. Senf

Als Senf bezeichnet man die Samen verschiedener *Brassica-* und *Sinapis*arten, einjähriger, krautiger, in Europa oder Asien beheimateter Cruciferen.

3.42.1. Weißer Senf

Der „Weiße oder Gelbe Senf" stammt von *Sinapis alba* L., einer 30–60 cm hohen Gewürzpflanze, die im Süden und Osten der UdSSR, Indien, China und Japan beheimatet ist. Hauptanbaugebiete liegen in Osteuropa, Kanada, den USA, China, Indien, den Niederlanden und in Großbritannien.

Die Aussaat geschieht in den Monaten April/Mai, und die Ernte, die bei beginnender Reife der Schotenfrüchte folgt, um Ernteverluste durch Samenausfall aus aufgeplatzten Schoten zu minimieren, beginnt frühestens ab Mitte Juli. Die geschnittenen Pflanzen verbleiben zur Nachtrocknung noch für 1–2 Wochen auf dem Feld. Danach wird die Saat aus den 20–50 mm langen und ca. 5 mm breiten Früchten ausgedroschen.

Als Gewürz werden die gereinigten weißen, gelblich bis leicht rötlichgelb gefärbten, kugeligen, ca. 2 mm großen Samen gehandelt, die unbeschädigt geruchlos sind und erst beim Zerkauen ihren charakteristischen, aromatisch-scharfen Geschmack entwickeln.

3.42.2. Schwarzer Senf

Für die von *Brassica nigra* (L.) Koch stammende Senfsaat sind auch die Bezeichnungen „Braunsenf, Brauner, Grüner oder Holländischer Senf" bekannt. Die Pflanze ist ursprünglich im Mittelmeergebiet heimisch und wird heute weltweit in den gemäßigten Zonen kultiviert (Osteuropa, Türkei, China, Indien, Pakistan u. a.). Sie erreicht ca. 1 m Höhe, ist stark verzweigt und durch gestielte Blätter charakterisiert, die im unteren Stengelbereich gefiedert, im oberen Bereich länglich und ungeteilt sind.

Aus den endständigen, kleinen Blüten bilden sich nach der Befruchtung längliche, aufrecht stehende, dem Stengel anliegende Schoten (10–25 mm lang, 2 mm breit), die bis zu 6 dunkelrotbraune und nur 1–1,5 mm große Samen enthalten.

3.42.3. Braunsenf

Aus Indien und dem vorderen Orient stammt der auch als „Rai“ bezeichnete „Indische Braunsenf“ (*Brassica juncea* Hook f. et Thoms). Eine weitere Braunsenfart ist der von *Brassica juncea* Coss. stammende „Sarepta-Senf“ oder „Rumänischer Braunsenf“. Diese Art wird vor allem in der UdSSR, in Rumänien, Indien, Afrika und China kultiviert. Sarepta-Senf ist mit 1,5–2 mm Durchmesser die größere der beiden Braunsenfarten.

Als letzte, auch schwarzbraune Senfart sei der „Chinesische“ oder „Japanische Senf“ genannt, der von *Brassica cernua* (Thunb.) Forb. et Hemsl. stammt.

Inhaltsstoffe

Neben den in Tab. 7 (S. 169) aufgeführten Inhaltsstoffen der Senfsaat, die für *Sinapis alba* gelten, ist im weißen Senf das Glucosinolat Sinalbin in einer Konzentration von 1,5–2,5% enthalten. Durch das senfeigene Enzym Myrosinase wird hieraus nach Zerstörung der intakten Zellen und Zutritt von Wasser (z. B. Zerkauen) das nicht flüchtige p-Hydroxybenzylisothiocyanat gebildet, das scharf schmeckt (Abb. 26). In Wasser angerührter weißer Senf ist daher geruchlos, und der scharfe Geschmack bleibt auch in einem daraus hergestellten Speisesenf erhalten.

Aus ca. 2% des im schwarzen Senf enthaltenen Sinigrin (Abb. 26) entsteht ebenfalls nach enzymatischer Spaltung 0,6–1,5% flüchtiges Allylisothiocyanat, das stark tränenreizend wirkt und scharf schmeckt.

In einem aus schwarzem Senf hergestellten Speisesenf ginge im Laufe der Zeit die erwünschte Schärfe verloren. Sarepta-Senf enthält zwei

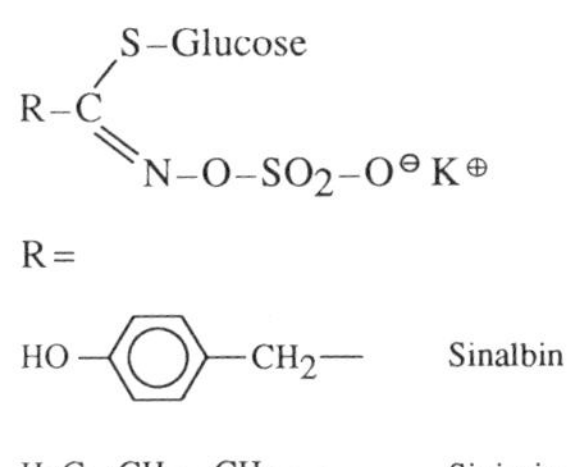

Abb. 26

Senfölglycoside, aus denen die Myrosinase Allyisothiocyanat und Crotonyl-(3-butenyl)isothiocyanat freisetzt.

Beim Zerkauen der weißen Senfsaat fällt der Schleimgehalt auf, der höher liegt als bei schwarzer oder brauner Saat.

Verwendung

Neben ganzer Saat kommen auch gemahlene Senfkörner und Senfmehl in den Handel. Senfmehl wird aus den geschälten Senfsamen hergestellt und eignet sich besonders zur Herstellung eines feinen Speisesenfes.

Diese in vielen Variationen erhältliche Gewürzzubereitung enthält neben gemahlener Senfsaat oder Senfmehl als weitere Zutaten Wasser, Essig bzw. Wein, Salz, Zucker, Kurkuma (als färbende Zutat) und weitere Gewürze. Der Bedarf für dieses weltweit beliebte Gewürz liegt bei 200 000 t jährlich.

Will man einen intensiv scharfen Senfgeschmack erzeugen, so verwendet man Mischungen von schwarzer und weißer Senfsaat. Ist nur eine milde Schärfe erwünscht, so benutzt man lediglich weiße Saat.

In der Wurstwarenindustrie werden große Mengen zur Verarbeitung in z. B. Salami, Leberwurst und Bockwurst benötigt. In der Wurstware hat Senf sowohl eine würzende wie auch emulgierende Wirkung, die aufgrund des hohen Anteils löslicher Senfproteine entsteht.

Als würzende Zutat zu Rouladen, Braten- und Salatsoßen, zu Dressings und Mayonnaisen erzeugt Senfpulver einen besonders pikanten Geschmack. Ganze Senfkörner sind Bestandteil von Fischmarinaden und Aufgüssen für Sauerkonserven (z. B. Gurken). Senfmehl oder gemahlene Senfkörner sind Bestandteil vieler Gewürzmischungen.

Medizinische Verwendung

Senfpräparate und Senföle werden bei rheumatischen Erkrankungen, Neuritis, grippalen Infekten und als appetit- und verdauungsfördernde Mittel eingesetzt. Die Senföle besitzen bakteriostatische Wirkung.

3.43. Sternanis

Eines der schönsten Gewürze ist der Sternanis, die Frucht von *Illicium verum* Hooker fil. – *Illiciaceae.* Seine Heimat ist Südchina und Nordvietnam; Anbau wird auch in Kambodscha, Laos, Japan und auf den Philippinen betrieben. Die Bundesrepublik importierte 1988 etwa 67 t Sternanis. Davon stammten 91% aus China, womit dieses Land mit Abstand wichtigster Lieferant für dieses Gewürz war. Die Früchte entwickeln sich an immergrünen, bis zu 6 m hohen Bäumen mit länglichen, zugespitzten, ganzrandigen Blättern aus kugeligen, grünlichgelben Blüten. Das Gewürz ist die rotbraune, korkig-holzige Sammelbalgfrucht, die aus 6–11, meist 8 sternförmig um eine ca. 6 mm hohe Achse (Columella) angeordneten, 12–20 mm langen und 6–11 mm hohen Teilfrüchten besteht.

Bei Erreichen der Reife oder beim Trocknen springt die Bauchnaht der grob runzeligen Einzelfrucht auf und läßt einen 8 mm großen Samen von glänzend kastanienbrauner Farbe erkennen.

Die aus der Saat gezogenen Pflanzen werden im Alter von einem Jahr in Plantagen verpflanzt, wo sie vom 7. bis zum 100. Jahr gute Ernten liefern, die bei durchschnittlich 30–40 kg pro Baum liegen. Nach den dreimal jährlich erfolgenden Ernten breitet man die Früchte auf Matten aus, um sie an der Sonne zu trocknen. Hierbei verlieren sie etwa 75% ihres Frischgewichtes.

Inhaltsstoffe

Die nach Anis riechende und brennend würzig schmeckende Frucht enthält vorwiegend im Perikarp (Fruchtwand) 5–8% etherisches Öl, das zu 80–90% aus trans-Anethol und zu weiteren 5% aus Monoterpenkohlenwasserstoffen (u. a. Limonen, α-Pinen, Linalool) besteht. Neben durchschnittlich 12% Wasser sind im Gewürz 5,5% Protein, 16% fettes Öl vorwiegend aus den Samen, 30% Rohfaser, Gerbstoffe und die Phenolcarbonsäuren Protucatechu- und Chinasäure sowie Shikimisäure enthalten.

Verwendung und medizinische Bedeutung

Sternanis ist wegen seiner interessanten Sternform als „Bastelgewürz“ sehr beliebt, grob gebrochen häufig Bestandteil von Teemischungen für die Glühweinbereitung, und gemahlen ist er Zutat in Gewürzmischungen für die Weihnachtsbäckerei (z. B. Pfefferkuchengewürz) und für Feingebäck. Ferner wird die Frucht als aromatisierende Zutat zu Süßspeisen (z. B. Pflaumenmus, Marmelade, Pudding) und Bonbons geschätzt.

In den Anbauländern dient Sternanis zum Würzen von gebratenem Fleisch und Geflügel (China). Zusammen mit Knoblauch, Zwiebeln, Pfeffer und weiteren Zutaten wird er zu Gewürzmischungen für Soßen verschiedener Reis-, Eier- und Gemüsegerichte verwendet.

Sternanisöl wird alkoholischen Getränken, Süßwaren, Zahnpasten, pharmazeutischen Präparationen und gelegentlich guten Seifen zur Aromatisierung zugegeben.

Bei Verdauungsstörungen wirkt Sternanis spasmolytisch und bei Katarrhen der Luftwege bronchosektretolytisch.

Verfälschungen

Eine in der Praxis selten beobachtete Verfälschung ist die Vermischung von „Shikimifrüchten“ (Japanischer Sternanis – *Illicium religiosum* Sieb. et Zucc.). Diese im allgemeinen etwas kleineren, mehr gelbbraunen, dickbäuchigeren und breit klaffenden Früchte schmecken nicht nach Anis, sondern nur schwach bitter aromatisch, säuerlich und harzig, nach Kampfer. Bedenklich ist eine solche Zumischung wegen des in den Shikimifrüchten enthaltenen toxischen Sesquiterpens Anisatin.

3.44. Sumach

Zur Gattung *Rhus* gehören etwa 250 Arten, die größtenteils in Ostasien, Südafrika, Nordamerika und im Mittelmeergebiet vertreten sind.

Der in Vorderasien und im Mittelmeerraum beheimatete, etwa 3 m hohe Sumach- oder Färberbaum (*Rhus coriaria* L. – *Anacardiaceae*) wird im Iran und in der Türkei (Export 1988: 824 t) wegen seiner Früchte angebaut. Seine Äste und Blätter sind behaart, und aus den kleinen, gelblichen, ungestielten Blüten, die in Rispen zusammenstehen, bilden sich haarige, 5–7 mm große, dunkelviolettrote Früchte. Das fettig-saftige, säuerliche und leicht würzig schmeckende Fruchtfleisch umgibt einen abgeflachten, nierenförmigen, harten Steinkern.

Inhaltsstoffe und Verwendung

Neben Gerbstoffen (ca. 4%) und geringen Mengen eines etherischen Öls enthält die Frucht vor allem fettes Öl und organische Fruchtsäuren (Apfel-, Zitronen- und Weinsäure), die für das säuerliche Aroma verantwortlich sind.

Nach Entfernen von Kelch und Kern dient das feingestoßene Fruchtfleisch häufig in Kombination mit Kochsalz und Zwiebelstreifen zum Würzen, vor allem von Fleischgerichten.

In den Erzeugerländern kocht man auch mit wenig Wasser einen Sud aus den frischen Früchten, der dann zum Ansäuern von Gemüse wie Bohnen oder Auberginen dient.

Auch bei uns ist das Gewürz als grobes, violettrotes Pulver, meist mit einem zugesetzten Kochsalzgehalt von 10%, in türkischen Lebensmittelgeschäften erhältlich.

3.45. Tamarinde

Ein in allen trockenen Gebieten der Tropen verbreiteter und wahrscheinlich aus Ostafrika stammender, bis 20 m hoch wachsender Baum (*Tamarindus indica* L. – *Caesalpinoideae*) mit gefiederten Blättern und weißgelben Blüten liefert eine Hülsenfrucht, dessen Fruchtmus als Gewürz verwendet wird.

Inhaltsstoffe und Verwendung

Das auch als „Asem Koening“ bezeichnete Mus enthält neben 30–45% Wasser noch 2–2,8% Protein, 12–35% Zucker, 12–24% organische Säure (berechnet als Weinsäure) und 2–3% Mineralstoffe. Neben Weinsäure ist Apfelsäure in geringer Konzentration vorhanden.

Terpene (u. a. Limonen, Geraniol, Safrol), Pyrazine, Alkylthiazole, Zimtaldehyd, Methylsalicylat und Ethylcinnamat konnten als flüchtige Aromakomponenten bestimmt werden.

In Indien und Indonesien ist Tamarindenmus zur Herstellung würziger Pasten (Samballan) sehr geschätzt. Mit Salz konserviertes Mus wird zu Fisch gereicht und zur Säuerung in Currymischungen eingearbeitet. Das Mus ist auch bei uns in Spezialitätengeschäften erhältlich. Neben säuernden und aromatisierenden Eigenschaften besitzt das Mus leicht abführende Wirkung. Als „Pulpa Tamarindorum depurata“ (gereinigtes Tamarindenmus) war das Produkt in früheren Jahren auch in Mitteleuropa als leichtes, natürliches Abführmittel bekannt.

3.46. Thymian

(Abb. S. 161)

Im gemäßigten Klima Südeuropas ist der „Echte Thymian" (*Thymus vulgaris* L. – *Lamiaceae*), eine in Bulgarien, Griechenland, Albanien, Polen, Marokko, Ungarn, der Türkei, Spanien, Tunesien, aber auch in Frankreich, der UdSSR, Kanada, den USA und der Bundesrepublik kultiviertes Gewürzkraut, beheimatet.

Die bedeutendsten Lieferanten für den deutschen Markt waren 1988 Spanien (210 t) und Polen (75 t). Kleinere Mengen wurden auch aus Marokko (25 t), Ungarn (23 t) und Albanien (10 t) bezogen.

Der kleine, 20–30 cm hohe Halbstrauch mit stark verholzten Ästen und vierkantigem Stengel entwickelt Blätter von nur 4–8 mm Länge und 2–4 mm Breite, die an den Rändern leicht eingerollt sind. Die sehr kleinen, schwach violetten Blüten zeigen sich von Juni bis zum Herbst. Die wichtigsten Thymianarten sind *T. vulgare* („Echter oder Gartenthymian"), der auch als witterungsbeständige Sorte („Winterthymian") in unseren Breiten angebaut wird, und der „Spanische Thymian" (*Thymus zygis* L.), der dem ersteren in Aussehen, Geruch und Geschmack sehr ähnlich ist.

Andere Thymus-Spezies wie *T. satureioides, T. broussonetii, T. maroccanus, T. pallidus* und *T. algeriensis* weisen nur geringe Thymolgehalte (siehe Inhaltsstoffe) auf, weshalb sie als geringwertig eingestuft werden.

Eine einheimische Varietät ist der stark aromatische „Quendel" oder „Feldthymian" *(Thymus serpyllum),* der auf der gesamten nördlichen Halbkugel vorkommt. Im Jahre 1988 wurden hiervon größere Mengen aus Bulgarien (16 t), Albanien (21 t), Marokko (14 t) und aus Spanien (10 t) in die Bundesrepublik importiert.

Inhaltsstoffe

Als Gewürz werden die gerebelten, getrockneten Blätter gehandelt, deren Geruch aromatisch und Geschmack leicht scharf, aromatisch und bitter ist. Das Aroma wird vor allem durch das im etherischen Öl (1–2,5%) enthaltene Thymol (ca. 37%) bestimmt. Daneben sind Carvacrol (3–15%), Linalool, Borneol, Geraniol, p-Cymol, Terpinen-4-ol, Myrcen, Thymolmethylether, Carvacrolmethylether und weitere 50 Aromastoffe identifiziert worden. Menge und Zusammensetzung des Öls unterliegt je nach Art, Herkunft und Erntezeitpunkt starken Schwankungen.

Zwischen dem „Echten“ und dem „Spanischen Thymian“ gibt es nur im Thymolmethylethergehalt einen Unterschied (*T. vulgaris:* 1,4–2,5%, *T. zygis:* 0,3%).

Über weitere Inhaltsstoffe informiert Tab. 7 (S. 170). Quendelöl enthält als Hauptkomponente p-Cymol und kleinere Mengen Thymol und Carvacrol.

Verwendung und medizinische Bedeutung

Thymian ist besonders in Frankreich, auf dem Balkan und in England sehr beliebt. Nach provenzalischem Vorbild kann man fast alles Eßbare mit diesem Gewürzkraut oder dessen Gewürzmischungen (z. B. Bouquet garni) geschmacklich bereichern. So erhalten Fleisch, Gemüse, Salate, Soßen, Suppen, Fisch, Geflügel und Eierspeisen durch Thymian eine besondere Note. In England setzt man das Gewürz sogar Süßspeisen zu.

Thymian ist auch das Gewürz, das in verschiedenen Wurstsorten und in Käsespezialitäten für ein besonderes Aroma sorgt.

Auch die kreolische Küche New Orleans' basiert auf der Verwendung von Thymian.

Industriell verarbeitet man das Gewürz oder dessen Öl bei der Herstellung von Kräuteressig oder Likören (z. B. Benediktiner).

Eine geschmacklich interessante Nuance bietet der „Zitronenthymian“ *(Thymus citriodorus),* der durch seinen schwach zitronenartigen Beigeschmack hervorragend zu Huhn- und Fischgerichten paßt.

Tip: Wie bei vielen Gewürzkräutern potenziert sich die Gewürzkraft beim Trocknen. Es empfiehlt sich daher, mit Vorsicht zu würzen, denn Thymian besitzt ein sehr kräftiges Aroma.

Als vielgeschätzte Heilpflanze wird Thymian oder dessen Öl häufig Husten-, Wundheil-, Darm- und Magenmitteln sowie Mundwässern zugesetzt.

3.47. Vanille (Abb. S. 162)

3.47.1. Echte Vanille

Die einzige Orchidee unter den Gewürzpflanzen, die Vanille (*Vanilla planifolia* Andrews – *Orchidaceae*), liefert eine Frucht mit einem ganz besonderen, hocharomatischen, süßlich-würzigen Aroma. Auf sproßbürtige Rankenwurzeln gestützt, wächst die Schlingpflanze an Bäumen oder anderen Trägern empor und erreicht Höhen von 10–15 m. Die mehrjährige Pflanze, die in Kultur wesentlich niedriger gehalten wird, stammt ursprünglich aus Südost-Mexiko, Guatemala und anderen Teilen Zentralamerikas. Gegenwärtig sind Madagaskar, Réunion (früher Bourbon) und die Komoren wichtige Anbaugebiete für das wertvolle Gewürz, von dem 1988 etwa 200 t in die Bundesrepublik importiert wurden. Aus den Achseln der dickfleischigen, eiförmigen Blätter (8–25 cm lang, 2–8 cm breit) treten gedrängte Trauben kurzgestielter gelblich-grüner Orchideenblüten hervor, die vormittags nur für wenige Stunden geöffnet sind. In dieser kurzen Zeit muß das Pollinium (Gesamtheit der Pollen) des einzigen Staubblattes entweder durch spezifische Insekten, Kolibris oder manuell durch den Menschen auf eine Narbe übertragen werden. Erfolgt keine Bestäubung, so fällt die Blüte ab. In der Kultur überläßt man die Bestäubung nicht dem Zufall, sondern erreicht über das Eingreifen des Menschen optimale Fruchtbildung. Sechs bis acht Monate vergehen, und aus der befruchteten Blüte hat sich eine reife, braune, 10–15 cm lange und 5–15 mm im Durchmesser große Frucht entwickelt. Hierbei handelt es sich um eine aus 3 Fruchtblättern gebildete Kapsel mit unzähligen Samen, die oft fälschlich als „Vanilleschote" oder „Vanillestange" bezeichnet wird.

Die Vermehrung der Vanillepflanze geschieht über Stecklinge, die vom 7.–8. Jahr beste Erträge liefern. Als idealer Träger für das Rankengewächs gelten schnell wachsende Bäume wie z. B. Avocados, Jackfrucht, Anatto, die genügend Äste entwickeln, an denen der Kletterer emporranken kann, gleichzeitig aber auch Schutz vor zu starker Sonnenbestrahlung bieten.

Im beginnenden gelbreifen Zustand werden die Früchte geerntet und je nach Provenienz unterschiedlich behandelt. Alle Behandlung dient dem gleichen Ziel: Haltbarmachung der Frucht und die erwünschte kräftige Aromaentwicklung. Hierzu wendet man in Mexiko das sog. Trockenverfahren an. Die in Mitteleuropa dominierende Qualität ist die „Bourbonvanille", die einem Heißwasserverfahren unterworfen wird. Nach vorhergehender Behandlung mit heißem Dampf oder kochendem Wasser (Blanchiervorgang) breitet man die Kapseln für einige Stunden in der Sonne aus, wickelt sie sodann in Decken ein und läßt sie in luftdichten Behältern über Nacht „schwitzen“. Dieser Prozeß wiederholt sich über Wochen, wobei die Frucht ihre braune bis braunschwarze Farbe annimmt, ihre Biegsamkeit erhalten bleibt, Wasser verliert und aus dem enthaltenen Vanillinglykosid durch enzymatische Spaltung das Vanillin vom Zuckeranteil freigesetzt wird (Abb. 27).

Inhaltsstoffe

Vanillin, das in Konzentrationen von über 2% in der fermentierten Frucht vorkommt, ist der Hauptaromaträger. Daneben wurden p-Hydroxybenzaldehyd (0,2%), p-Hydroxybenzylmethylether (0,02%), Essigsäure (0,02%) und rund 130 weitere flüchtige Substanzen wie Phenole, Phenolether, aliphatische Akohole, Carbonylverbindungen, Säuren, Ester, Lactone, aliphatische und aromatische Kohlenwasserstoffe und Heterocyclen gefunden. Zwei stereoisomere Vitispirane (2,10,10,-Trimethyl-1,6- und Methyliden-1-oxaspiro(4,5)dec-7-en) (Abb. 28), die in Vanilleextrakten zwar nur als Spurenkomponente nachgewiesen wurden, sollen zum Vanille-Gesamtaroma maßgeblich beitragen. An diesem Beispiel sieht man sehr deutlich, daß sich die Komplexität und Harmonie eines Aromas nicht durch eine einzige Komponente (hier das Vanillin) darstellen läßt, auch wenn diese der Hauptaromaträger ist. Dies dürfte auch der Grund dafür sein, daß das Vanillin, das heute synthetisch durch alkalische Hydrolyse des Lignins (fällt bei der Zellstoffherstellung an) und Oxidation des Coniferylalkohols zum Aromastoff preiswert gewonnen wird, die erheblich teurere Naturvanille nicht vom Markt verdrängen konnte.

Weitere Inhaltsstoffe der Frucht sind Saccharose (ca. 6% i. Tr.), Glucose und Fructose (ca. 21% i. Tr.), Fett und Wachsstoffe (ca. 15% i. Tr.),

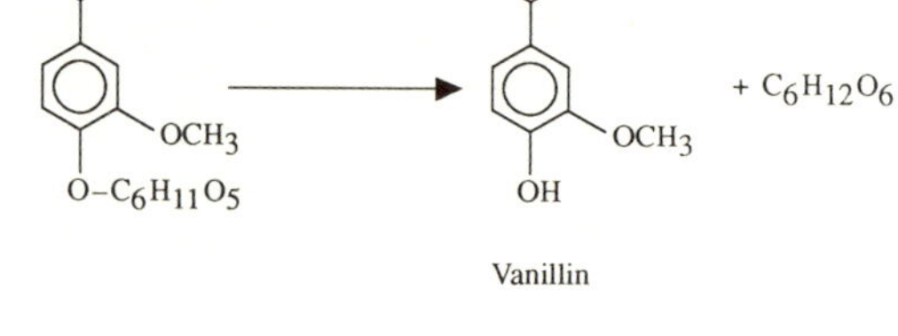

Abb. 27

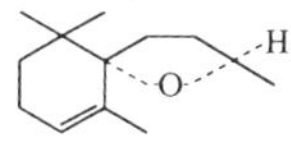

Abb. 28

Cellulose (15–29% i. Tr.) sowie Mineralstoffe (ca. 6% i. Tr.). Bemerkenswert ist die hohe Restfeuchte des Gewürzes, die ca. 35% beträgt.

Die fermentierten, nach Größe sortierten Kapseln gelangen gebündelt, in Wachspapier und Blechkisten verpackt, zum Versand. Dem Verbraucher werden die Früchte in Glasröhrchen angeboten, die besonders gut vor Fremdgerüchen und vor dem Austrocknen schützen.

Verwendung

Jährlich gelangen ca. 2 000 t Vanille als Vanilleschoten, gemahlen oder als Naturvanilleextrakt an den Verbraucher oder an die verarbeitende Lebensmittelindustrie, wo sie zum Würzen von Backwaren, Süßspeisen, Getränken, süßen Soßen und z. B. Speiseeiszubereitungen verwendet werden. Neben der Getränke- und Parfümindustrie ist die Schokoladenindustrie der größte Verbraucher echter Vanille.

Tip: Bei besonders feinen Speisen kratzt man das in den Früchten enthaltene Mark heraus und verwendet es als Gewürz. Die Schale der „Schote" läßt man nur kurz mitkochen, nimmt sie heraus, trocknet sie und bewahrt sie in einem geschlossenen Gefäß in Zucker auf, der davon noch kräftig zu Vanillinzucker aromatisiert wird.

Ein weißer Belag, der sich bei genauer Betrachtung als eine Ansammlung feiner Vanillinkristalle herausstellt, wird vom Verbraucher oft fälschlich als Schimmel gedeutet und reklamiert. Schimmel wächst aber nicht in Nadelform und läßt sich daher gut von den Vanillinkristallen unterscheiden.

3.47.2. Weitere Vanille-Spezies

Von den 110 Vanille-Spezies der Tropen werden neben *V. planifolia* noch die „Tahiti-Vanille" (*V. tahitiensis* J. W. Moore) und die „Westindische Vanille" *(V. pompona Schiede)* gehandelt. Beide Qualitäten werden als minderwertig betrachtet. Ihr Vanillingehalt ist gering und das Aroma durch

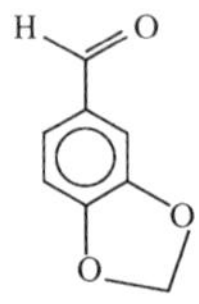

Abb. 29

den hohen Piperonalgehalt (Abb. 29) gegenüber dem der echten Vanille deutlich verändert. Verschnitt der echten Vanille mit diesen Spezies wird als Verfälschung angesehen. Daneben kommen als mögliche Verfälschungen des teuren Gewürzes die Teilextraktion oder die Zugabe von naturidentischem Vanillin und Ethylvanillin vor.

3.48. Wacholderbeeren (Abb. S. 162)

Ein immergrüner, säulenförmiger, zypressenähnlicher Strauch (*Juniperus communis* L. – *Cupressaceae*), selten bis zu Baumhöhen (12 m) reichend, mit kleinen, spitzen, stacheligen Nadeln, stammt aus Teilen Europas, Nordasiens und Nordamerika.

Sowohl die männlichen wie die weiblichen Blüten des Wacholderstrauches sind unscheinbar gelblich. Auf den weiblichen Pflanzen entwickeln sich die beerenförmigen Fruchtzapfen mit dem durch Verwachsung der drei obersten Hochblätter entstandenen charakteristischen dreistrahligen Stern. Die Beerenzapfen sind im ersten Jahr nach der Befruchtung grün und nehmen erst im zweiten Jahr bei eintretender Reife ihre uns bekannte blauschwarze Färbung an. Sie sind im Durchmesser ca. 6–10 mm groß und zeigen getrocknet oft eine runzelige Oberfläche. Im Inneren liegen in einem klebrigen Fruchtfleisch meist 3 sehr harte, längliche Samen.

Die reifen Beerenzapfen wildwachsender Sträucher sammelt man vor allem in Jugoslawien, Italien und Albanien in den Monaten August und September. Ihr Geruch ist als eigenartig würzig und der Geschmack als süß, aromatisch-würzig zu beschreiben.

Inhaltsstoffe

Monoterpene sind die Hauptbestandteile des mit 0,5–2% enthaltenen etherischen Öls. So findet man u. a. bis 80% α- und β-Pinen, bis 5% Terpinen-4-ol, α-Terpineol, Borneol und Geraniol. Der Sesquiterpengehalt (u. a. α- und β-Cadinen) ist nur gering.

Neben einem Gehalt von ca. 30% Invertzucker ist vor allem noch der Gerbstoffgehalt von 3–5% erwähnenswert.

Verwendung und medizinische Bedeutung

Wacholderbeeren sind eine passende Zutat zu herzhaften Fleischgerichten, zu Sauerkraut, Marinaden für Wild, Schweinefleisch und Geflügel sowie zu kräftigen Rindfleischeintöpfen, Pökelfleisch, französischen Pâtés, Terrinen und Fleischkonserven. Industriell wird Wacholder in alkoholischen Getränken verarbeitet (z. B. Gin, Genever) sowie als Zusatz beim Räuchern von Wurstwaren.

In Gewürzmischungen harmoniert das Aroma gut mit Lorbeer, Knoblauch, Majoran, Thymian und Fenchel.

Als Stomachikum und Karminativum werden Wacholderbeeren noch heute verwendet. Vor Nebenwirkungen eines überhöhten Verzehrs (Veilchengeruch des Harns!) sei an dieser Stelle gewarnt, da es zu Nierenreizungen, gastrointestinalen Störungen, Hämaturie und zentralen Erregungsstörungen kommen kann. Nierenkranke und Schwangere sollten daher auf den Verzehr von Wacholderbeeren verzichten.

3.49. Ysop

(Abb. S. 163)

Ysop (*Hyssopus officinalis* L. – *Labiatae*) ist ein aus dem Mittelmeerraum stammendes Gewürzkraut von 30–60 cm Höhe, das auch in unseren Breiten kultiviert wird.

Aus den am Grunde verholzten Stengeln entwickeln sich bis zu 3 cm lange und bis zu 1 cm breite Blätter von linear-lanzettlicher Form. Die dunkelblau-violetten, ährenartigen Blüten zeigen sich von Juli bis Oktober und sind in jedem Kräutergarten eine Zier. Das frische oder getrocknete Kraut, das während der Blütezeit geschnitten wird, dient als Gewürz. Geruch und Geschmack des Ysops sind wenig ausgeprägt, der Geschmack ist vor allem bitter.

Inhaltsstoffe und Verwendung

Das getrocknete Kraut enthält 0,3–0,9% etherisches Öl. Seine Hauptkomponenten sind β-Pinen und L-Pinocamphen. Ferner sind 0,6% Ursolsäure, 0,3% Oleanolsäure, Gerbstoffe und 3–4% Diosmin (Flavon) enthalten.

Die gegenwärtige Bedeutung des Ysops als Gewürzpflanze ist als gering zu bewerten. Das frische Kraut kann zum Würzen von Fleischspeisen, Soßen, Suppen (Bohnen-, Kartoffelsuppe), fetten Fisch- und Rohkostgerichten dienen.

Ysopextrakt wird bei der industriellen Herstellung von Kräuterlikören benötigt.

3.50. Zimtrinden

(Abb. S. 163/164)

3.50.1. Ceylonzimt

Unter Zimt versteht man die von der Außenrinde des Zimtstrauches oder -baumes befreite, getrocknete Innenrinde von Stockausschlägen und Ästen. Zur Gattung *Cinnamomum – Lauraceae* gehört eine große Zahl von tropischen Baumarten, deren wichtigster Vertreter *Cinnamomum zeylanicum* Blume (Syn. *Cinnamomum verum* Presl.) ist. Diese als „Ceylonzimt" bekannte Art stammt von der gleichnamigen Insel (heute Sri Lanka) und erreicht wildwachsend bis zu 20 m Höhe. In Kultur (Sri Lanka, Südindien, Madagaskar, Seychellen) werden die Bäume absichtlich sehr kurz gehalten und auf 2,5–3 m ähnlich unseren Korbweidenkulturen zurückgeschnitten, um aus den jungen Stockausschlägen die Rinde gewinnen zu können. Es werden jeweils die 1–2 Jahre alten Triebe (Länge ca. 1,5 m) geschnitten, die Ruten von seitlichen Trieben und Blättern befreit, und in Handarbeit trennt man durch wenige Schnitte mit einem Messer die Rinde ab, die vor dem Trocknungsvorgang noch sorgfältig von Außen- und Mittelrinde befreit wird.

Die nur 0,3–1,0 mm dicken Innenrinden werden zu „Quills" ineinandergeschoben und getrocknet. Beim Trocknen an der Luft bzw. an der Sonne rollen sich die dünnen Rinden von beiden Seiten ein und nehmen eine hellbraune Farbe an. Die Quills sind ca. 1 cm dick und über einen Meter lang. Aus diesen Längen werden die uns bekannten, meist 8 cm langen „Zimtstangen" geschnitten. Je nach Rindendicke wird die feinste Zimtsorte in 8 Qualitäten (0000–IV) gehandelt.

Die Vermahlung zu Zimtpulver erfolgt bevorzugt aus gebrochenen Zimtstangen (Zimtbruch) und den bei der Verarbeitung anfallenden Schneideresten.

Der Geruch der Rinde ist aromatisch würzig, sein Geschmack feuriggewürzhaft, süß-brennend, weder herb noch schleimig.

Inhaltsstoffe

Die Hauptkomponente des bis zu 1–4% enthaltenen etherischen Öls ist der Zimtaldehyd, der einen Anteil von 65–75% ausmacht. Weitere Aromaträger sind Eugenol (4–10%), Safrol, Linalool, Kampfer sowie verschiedene andere Monoterpene, Sesquiterpene, Zimtsäurederivate, Aldehyde, Ketone und Ester, insgesamt über 30 Verbindungen. Mit einem

Anteil von 6,6% enthält Ceylonzimt eine bemerkenswert hohe Calciumoxalatmenge. Die weitere Zusammensetzung zeigt Tab. 7 (S. 166).

3.50.2. Chinesischer Zimt

Der aus China stammende „Chinesische Zimt“ (*Cinnamomum cassia* Blume) wird heute in Vietnam, Indonesien und Japan angebaut. Es werden die Zweige sechsjähriger Bäume geerntet und von der Außenrinde befreit. Anschließend werden die Bäume kurz über dem Erdboden gekappt, und die nächste Ernte erfolgt erst wieder nach sechs Jahren, wenn die Wurzelschößlinge entsprechend nachgewachsen sind. Die meist einseitig eingerollten, 2–5 mm dicken, hell- bis rostbraun gefärbten Röhren oder Halbröhren sind oft nicht völlig von der primären Rinde und dem grauen Kork befreit.

Dieses äußert sich im Geschmack, der mit aromatisch-süßlich, leicht schleimig, wenig brennend, aber leicht adstringierend beschrieben wird. Die in der primären Rinde enthaltenen Gerbstoffe (Tannine) verursachen den adstringierenden Geschmack.

Inhaltsstoffe

Der etherische Ölgehalt des Chinazimtes wird mit 1,5–4% angegeben. Der Schleimgehalt liegt mit bis zu 11% deutlich über den beim Ceylonzimt ermittelten Werten (ca. 3%).

3.50.3. Padangzimt

Aus Indonesien stammt eine als „Padangzimt“ (*Cinnamomum burmannii* Blume) gehandelte und im Geschmack an Ceylonzimt erinnernde Ware, die für den deutschen Markt von großer Bedeutung ist. Beste Sorten werden als „Cassia vera A–D“ bzw. „Cassia korintji“ angeboten. Die Stangen sind hellbraun bis rötlich, und nur bei Qualitäten hoher Güte sind Kork und primäre Rinde vollständig entfernt. Der Ölgehalt kann bis zu 4% betragen, der Schleimstoffgehalt liegt bei ca. 8%.

Weitere Zimtrinden stammen von den Seychellen (verwilderte *C. zeylanicum*-Art) und aus Vietnam (Saigonzimt, *C. loureirii* Nees). Ihre Bedeutung ist nur gering, da die Qualitäten nicht geschätzt sind.

Die Unterscheidung der einzelnen Cinnamomum-Spezies ist für den Fachmann möglich. Schwierig wird es jedoch, wenn Verfälschungen des Zimtpulvers festgestellt werden sollten. Hierzu ist die Analyse der

Schleimstoffe sowie die Analytik des Zimtöls bzw. Extraktes erforderlich. Leitsubstanzen zur Unterscheidung sind Eugenol (*C. cassia* enthält kein Eugenol) und Cumarin (*C. zeylanicum* enthält kein Cumarin).

Auch die mikroskopische Untersuchung gibt dem Fachmann Hinweise auf eine Verfälschung (*C. zeylanicum* enthält keine Kork- oder Steinkorkanteile).

Eine Übersicht über die Handelssorten gibt Tabelle 6.

Von den 1 300 t Zimt, die 1988 in die Bundesrepublik importiert wurden, stammten 797 t aus Indonesien, 211 t von Madagaskar, 167 t von Sri Lanka und 96 t aus China. Ferner wurden weitere 90 t gemahlenen Zimtes aus verschiedenen Ländern eingeführt.

Zimtblätter enthalten bis zu 0,7% etherisches Öl, das, im Gegensatz zu den Rindenölen, Eugenol als Hauptkomponente enthält, wodurch es geruchlich dem Nelkenöl sehr ähnlich ist.

Verwendung und medizinische Bedeutung

Zimt wird im Haushalt und in der Industrie zum Würzen von Backwaren, Glasuren, Süßspeisen, Kompotten und zum Aromatisieren von Likören verwendet. Das Rindengewürz ist ein wichtiger Bestandteil von Glühwein-Gewürzmischungen. In Indien ist Zimt eine bedeutende Zutat von Currymischungen, geschmorten Fleisch- (Kormas) und Reisgerichten (Biriyanis), bei denen zuerst das Fleisch zubereitet und dann der Reis zugegeben wird. In Griechenland und im Nahen Osten findet man Zimt sowohl in würzigen Fleischfüllungen, z. B. von Auberginen und Zucchini, als auch in süßen Füllungen für Gebäck.

Alle Zimtarten sollen bei Erbrechen, Übelkeit, Blähungen, Erkältungen und leichtem Durchfall zur Besserung des Zustandes beitragen. Darüber hinaus werden dem Zimtöl antimikrobielle, fungizide, nervenstärkende und stimulierende Wirkung zugesprochen.

Tabelle 6. Übersicht über Handelssorten

Botanische Bezeichnung	Synonyme und Handelsnamen
C. verum Presl.	Ceylonzimt Echter Zimt Kanehl Caneel Madagaskarzimt Javazimt Seychellenzimt
C. cassia Blume	Kaneel Gemeiner Zimt Zimtkassie Cassia lignea Chinesischer Zimt Cantonzimt Kwantungzimt Kwangsizimt Yunnanzimt Honanzimt China junk-Zimt Mutterzimt
C. loureirii Nees.	Saigonzimt Vietnamzimt Danangzimt Annamzimt Tonkinzimt Malabarzimt Holzzimt
C. burmannii Blume	Cassia vera Indonesischer Zimt Padangzimt Bataviazimt Korintji Cassia Javazimt Macassarzimt Timorzimt Malabar-Zimt Holzzimt Fagotzimt

3.51. Zitronengräser und -blätter (Abb. S. 164)

3.51.1. Zitronengräser

Aus der Familie der Grasgewächse *(Gramineae)* stammt das in Ostiniden beheimatete Zitronengras *(Cymbopogon citratus* L.). Heute ist es weit verbreitet und wird in Indien, Indonesien, Westafrika, auf Sri Lanka, den Malediven, Thailand, Mauritius und Madagaskar kultiviert. Die ausdauernde, bis 1,5 m hohe Pflanze besitzt Rispen als Blütenstände und scharfkantige, an der Basis zwiebelähnliche, verdickte Halme, in denen ein aromatisches etherisches Öl enthalten ist.

Aufgrund des hohen Citralgehaltes (50–85%) des zu 0,2–0,5% enthaltenen Öls, das auch u. a. etwa 20% Myrcen und Geraniol enthält, hat das Gras einen angenehmen, stark zitronenartigen Geruch und Geschmack.

In Südostasien benutzt man bevorzugt die untersten 10 cm der Stengel, die den höchsten Aromagehalt zeigen, und würzt damit Fleisch- und Fischgerichte und Suppen. In der europäischen Küche hat Zitronengras nie eine Rolle gespielt, dennoch ist indisches, hellbraunes Zitronengraspulver unter der Bezeichnung „Serehpulver" auch bei uns in Spezialitätengeschäften erhältlich. Serehpulver ist Bestandteil vieler indischer Gewürzmischungen, z. B. des Boemboe (= Gewürz) Sesate, Boemboe Sajoer Loden und verschiedener Gewürzpasten, z. B. Sambal Asem. Unter Sambal (Plural: Samballan) sind pastenförmige Würzzubereitungen zu verstehen, die scharf, salzig oder auch mild schmecken und als würzende Zutaten der asiatischen Reisgerichte verwendet werden.

Zur Gattung Cymbopogon gehören dem Zitronengras verwandte Pflanzen, die ebenfalls in der asiatischen Küche als Gewürz geschätzt werden und jeweils ihren eigenen, charakteristischen Geschmack aufweisen.

Citronellgras (*C.nardus* [L.] Rendle) ist rot behaart, riecht nach Zitrone und rosenartig. Das etherische Öl enthält vor allem Geraniol und Citronellal (6–10%). Lemongras (*C. flexuosus* [Nees.] Wats.) zeigt zitronenähnlichen Geruch und Geschmack und liefert das „Ostindische Lemongrasöl", das zu 70–80% aus Citral besteht und nur 0,8% Myrcen enthält.

Zitronengras wird in der Volksmedizin als Teeaufguß gegen Magenbeschwerden getrunken und als fiebersenkende, schweiß-, harn- und windetreibende Teedroge geschätzt. Zitronengrasöl, 3–6 Tropfen auf Zucker genommen, wird gegen Magenkrämpfe, bei Erbrechen und Darminfektionen empfohlen. Als Massageöl benutzt, lindert es Hexenschuß und rheumatische Beschwerden.

Das teure Zitronengrasöl wird auch in der kosmetischen Industrie zur Parfümierung verwendet.

3.51.2. Indische Zitronenblätter

Eine in Indien, China und Indonesien heimische Citrusart (*Citrus hystrix* DC. – *Rutaceae*), die auch im Mittelmeergebiet angebaut wird, besitzt 7 cm lange und 4 cm breite, am Rande schwach eingerollte Blätter, die aromatisch riechen.

Infolge des hohen Gehaltes aromatischer Inhaltsstoffe (etherisches Öl, Bitterstoffe) dienen sie zum Würzen von Fleisch und sind in verschiedenen indonesischen Gewürzmischungen und Würzpasten enthalten. Geruch und Geschmack ähneln denen des Serehgrases.

3.52. Zwiebel

Botanisch ist eine Zwiebel eine stark gestauchte Sproßachse, die von fleischigen, schuppenförmigen Blättern umgeben ist und zur vegetativen Fortpflanzung dient. Das Gewürz stammt von verschiedenen *Allium*-Subspezies, von denen die Sommerzwiebel (*Allium cepa* L. – *Liliaceae*), die aus Kleinasien stammt, am weitesten verbreitet ist. Die auch als Küchenzwiebel bekannte krautige, zweijährige Gewürzpflanze von 30–120 cm Höhe besitzt unterirdisch die oben beschriebene „Zwiebel". Die Sproßachse, die in diesem Bereich auch als „Zwiebelkuchen" bezeichnet wird, ist von fleischigen, gedrängt stehenden Blättern umgeben, die je nach Sorte von weißlichen, gelblichen, bräunlichen bis hin zu rötlichblauen Zwiebelschalen umgeben sind. Die Zwiebel erreicht einen Durchmesser von 35–50 mm, selten auch über 50 mm.

Der feldmäßige Anbau erfolgt meist durch Aussaat, während der Hobbygärtner überwiegend mit Brut- bzw. Steckzwiebeln arbeitet, die im Vorjahr aus Saat herangezogen wurden. Die Ernte beginnt im August, wenn die grünen Laubblätter sich bereits verfärben und abzusterben beginnen. Nach einer ersten Trocknungsphase werden u. a. die Wurzeln und die äußere Zwiebelhaut entfernt, die Zwiebeln gewaschen und in Scheiben geschnitten. Danach schließt sich die Trocknung in Tunneltrocknern bis auf einen Restwassergehalt von 4% an.

Zwiebelprodukte sind in den verschiedensten Verarbeitungsformen (Scheiben, Ringe, geschnitten, granuliert, gemahlen, getoastet, geröstet) und, bedingt durch die Sortenvielfalt, in den verschiedensten Geschmacksrichtungen erhältlich. 50 000–60 000 t dieser Produkte werden heute jährlich in den Haupterzeugerländern (USA, Ägypten, Bulgarien, China u. a.) hergestellt.

Inhaltsstoffe

Zwiebeln enthalten Fett, Protein, Cellulose, Zucker, Mineralien und Vitamine, wie in Tab. 7 (S. 170) angegeben. Das flüchtige etherische Öl (0,015%) enthält als Hauptkomponenten d-n-Propyldisulfid und Methyl-n-propyldisulfid. Die schwefelhaltigen Aromastoffe entstehen aus Vorstufen, die beim Zerstören des Zellverbandes durch die Lyase „Alliinase" (vgl. Knoblauch) gespalten werden. Diese Vorstufen sind die Aminosäurederivate Dihydroalliin (S-n-Propyl-cysteinsulfoxid) und Methylalliin. Die tränenreizende Substanz, deren Wirkung jedermann beim Schneiden

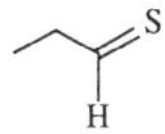

Abb. 30

frischer Zwiebeln kennengelernt hat, ist das Thiopropanal-S-oxid (Abb. 30). Der süßliche Geschmack gekochter Zwiebeln läßt sich auf das 50- bis 70fach süßer als Saccharose schmeckende n-Propenthiol zurückführen.

Verwendung

Die Zwiebel wird in den verschiedensten Zubereitungsformen (roh, gekocht, gedünstet, gebraten, getrocknet) als schmackhafte, scharf schmeckende Zutat geschätzt. Sie dient zum Würzen von Salatsoßen, Marinaden, Suppen, Fleisch- und Fischgerichten, Gemüsen, Soßen und in getrockneter Form als Zutat in vielen Gewürzmischungen.

3.52.1. Weitere Allium-Arten

Die Winterzwiebel (*Allium fistulosum* L.) ist eine sehr frostunempfindliche Zwiebelpflanze, die nur gering entwickelte Zwiebeln hervorbringt, jedoch auch bei uns inzwischen angebaut wird. Ihre Heimat ist Sibirien. Als „Silberzwiebeln" bezeichnet man jugendliche Stadien von Züchtungen der Sommer- als auch der Winterzwiebeln, deren Zwiebelhüllen weiß sind.

Allium ampeloprasum L. *f. holmense* A. et G. liefert nußgroße Zwiebeln, die für Mixed Pickles oder als eingelegte Zwiebeln unter dem Namen „Perlzwiebeln" bekannt sind.

Allium ascolonicum L. liefert schließlich eine Zwiebel mit besonders feinem Geschmack, die auch als „Schalotte" bezeichnet und besonders in der französischen Küche viel eingesetzt wird. Die Schalotte besitzt viele Nebenzwiebeln, wodurch sie sich leicht von anderen Zwiebeln unterscheiden läßt.

4. Gewürze in Mischungen

4.1. Anforderungen an Gewürzmischungen

Neben den unvermischten Einzelgewürzen finden sich in den „Leitsätzen für Gewürze und andere würzende Mittel“ weitere Beschreibungen von Gewürzerzeugnissen, die ausschließlich aus Gewürzen bestehen oder aber unter Mitverwendung von geschmacksbeeinflussenden oder technologisch wirksamen Stoffen hergestellt werden.

Hier wäre zunächst die „Gewürzmischung“ zu nennen, die keine gewürzfremden Zutaten enthält und nach ihrer Art oder ihrem Verwendungszweck bezeichnet wird (Beispiele: Knoblauch-Pfeffer-Gewürzmischung, Einmachgewürz, Gulaschgewürz).

Eine „Gewürzzubereitung“ besteht mindestens zu 60% aus einem oder mehreren Gewürzen, die mit anderen geschmacksgebenden und/oder geschmacksverbessernden Zutaten vermischt sind. Hierzu gehört z. B. Kochsalz, dessen Gehalt unter 5% nicht zu kennzeichnen ist, bei Überschreitung dieses Wertes aber mit angegeben werden muß. Auch Natriumglutamat (Glutamat) ist eine häufig verwendete Zutat in Zubereitungen. Dieses Salz der Aminosäure Glutaminsäure erhöht den Eigengeschmack würziger Speisen (z. B. Bratensoßen, Fleisch) und zeigt auch in zusammengesetzten Zutaten (Hefeextrakt, Brühen, Würzen), hier in Kombination mit anderen Verbindungen, diese positive Wirkung. Auch die Gewürzzubereitung wird nach ihrer Art oder ihrem Verwendungszweck bezeichnet (Beispiele: Pfeffer-Gewürzzubereitung, Ungarisch Gulasch-Gewürzzubereitung).

„Gewürzsalze“ bestehen zu mehr als 40% aus Salz, das mit einem oder mehreren Gewürzen und/oder Gewürzzubereitungen und/oder z. B. Würzen vermischt wird. Der in den Leitsätzen geforderte Gewürzanteil liegt bei mindestens 15% (außer bei Knoblauch). In jedem Fall ist das Verhältnis zwischen Salz und Gewürzanteil so zu bemessen, daß weder ein Nachsalzen noch ein Nachwürzen erforderlich ist. Auch hier wird die Kennzeichnung nach Art bzw. Verwendungszweck des Produktes vorgenommen (Beispiele: Selleriesalz, Steak- und Grillgewürzsalz).

Sind Gewürze in der Gewürzzubereitung oder im Gewürzsalz ganz oder teilweise durch „Gewürzaromen“ (natürliche Auszüge aus Gewürzen) ersetzt, so werden solche Erzeugnisse „Gewürzaromazubereitungen" bzw. „Gewürzaromasalze" genannt.

„Currypulver" (Curry powder) und „Suppengewürz" sind Erzeugnisse, die als Zubereitung eigener Art bzw. spezielle Gewürzmischung eigens erwähnt sind. So ist Currypulver als Produkt aus Kurkuma und anderen Gewürzen wie Pfeffer, Chillies, Paprika, Ingwer, Kardamom, Koriander, Nelke, Piment und einem Anteil von max. 10% Hülsenfruchtmehl, Stärke oder Dextrose und max. 5% Kochsalz beschrieben. „Suppengewürz" ist als Mischung von Gewürzen, insbesondere aus Würz- und Suppenkräutern sowie würzenden Gemüsen definiert. Die Bezeichnung „Suppengrün" kann synonym verwendet werden.

„Präparate" sind solche Produkte, die neben Gewürzen, Gewürzaromen und geschmacksverbessernden Zutaten auch technologisch wirksame Verbindungen (z. B. Emulgatoren, Stabilisatoren) enthalten. „Gewürzpräparate", „Gewürzaromapräparate" und „Präparate mit würzenden Stoffen" werden vor allem als Würzung zur Herstellung von Wurstwaren eingesetzt.

4.2. Exotische Gewürzmischungen

Neben den Gewürzen und den nahezu lückenlos vorhandenen Gewürzmischungen, Gewürzzubereitungen und Gewürzsalzen, die der Verbraucher heute im Lebensmittelhandel für viele Gerichte erhält, wird er in Zukunft vermutlich einige neue „exotische Gewürzmischungen“ finden, die für die Würzung vor allem asiatischer Speisen unbedingt erforderlich sind. Es ist sehr wahrscheinlich, daß, bedingt durch eine hohe Reisefreudigkeit und eine gestiegene Aufgeschlossenheit auch gegenüber fremdländischen Speisen, ein immer größerer Einfluß der gesunden exotischen Küche auf unser Ernährungsverhalten auch Auswirkungen auf die Nachfrage nach bisher unbekannten Gewürzspezialitäten hat.

Solche exotischen Gewürzmischungen könnten z. B. aus Lateinamerika und der Karibik stammen. Häufig wird in diesen Regionen sehr scharf gewürzt. Mischungen von Chillies mit z. B. Koriander und Kreuzkümmel, Knoblauchpulver, Oregano oder Nelken werden oft zum Würzen verwendet. Ein echtes „karibisches Aroma“ entsteht erst, wenn eine mit einer solchen Chilimischung gewürzte Soße mit einer kleinen Menge Papaya verfeinert wird. Wer die Chilischärfe liebt und fein dosieren möchte, dem sei empfohlen, ganze oder in Stücke geschnittene Chilischoten in Pflanzenöl vorsichtig anzurösten (5–6 Schoten auf 0,5 l Öl). Dieses „Chiliöl“ besitzt eine pikante Schärfe und läßt sich im Kühlschrank einige Wochen aufbewahren.

Aus Selleriesaat, Nelken, Macis, Muskatnuß, Petersilie, schwarzem Pfeffer, Knoblauch und etwas Salz besteht eine milde Gewürzzubereitung, die von den Virgin Islands stammt, mittlerweile aber im gesamten karibischen Raum beliebt ist. Sie paßt besonders gut zu Tomaten bzw. Tomatengerichten, zu Fleisch- und Eiergerichten und wird auch zum Würzen von Grillmarinaden und Salatdressings verwendet.

Relativ milde Gewürzspezialitäten sind auch „Dukkah“ aus Ägypten und „La Kama“ aus Marokko. Im Dukkah sind die Gewürzzutaten (Koriander, Kreuzkümmel, Pfeffer) mit Haselnüssen, brauner Sesamsaat und Salz vermischt. Diese Zubereitung ißt man direkt mit in Öl eingetauchtem Brot. La Kama als reine Gewürzmischung aus Zimt, Muskatnuß, schwarzem Pfeffer, Kurkuma und Ingwer ist ein typisches Suppen- und Eintopfgewürz Nordafrikas.

Eine bekannte chinesische Gewürzmischung ist eine Spezialität aus Szechuanpfeffer, Zimt, Nelken, Fenchel und Sternanis, die „Fünf-Gewürz-Mischung“ heißt und besonders für Marinaden, Soßen, Fleisch- und Geflügelgerichte verwendet wird.

Aus sieben Zutaten besteht die in Indonesien und Malaysia beliebte Gewürzmischung (Kardamom, Zimt, Selleriesaat, Cayennepfeffer, Nelken, Koriander, Kreuzkümmel), deren Schärfe über die Höhe des Chillianteils individuell variiert werden kann. Mit dem „Sieben-Meer-Gewürz“ werden unterschiedlichste Gerichte verfeinert.

„Schichmi togarashi“, eine japanische Mischung, enthält neben gemahlenen Chillies und Blättern des Szechuanpfeffers auch Mohn, weiße und schwarze Sesamsaat, Rapssaat und getrocknete, gemahlene Mandarinenschalen. Variationen ergeben sich durch Zumischen von Senfsaat, Pfeffer oder auch gerösteten Algen. Die Spezialität wird vor allem zum Würzen von Gemüsegerichten verwendet.

Größte Gewürzvielfalt bietet sicher die indische Küche. Bekannt sind indische „Masalas“ (ind.: Gewürzmischungen) auch bei uns. Hierzu gehört vor allem der „Curry“, der in Indien in unzähligen Variationen angeboten bzw. von den Hausfrauen individuell nach Familienrezepten hergestellt wird. Charakteristischer Bestandteil all dieser Curryvarianten ist der Kurkuma, der für die gelbe Farbe der Gewürzmischung verantwortlich ist. Einzelne Zutaten der Currymischungen werden vor dem Vermischen auch in Pfannen geröstet, wodurch sich besondere Geschmacksnuancen entwickeln.

Während Currypulver die „klassische Masala“ der südindischen Küche ist, ist „Garam Masala“ vor allem in Nordindien und „Panchphoran“ im Osten des Landes bekannt und beliebt.

Typische Masalazutaten sind Kreuzkümmel, Koriander, Zimt, Nelken, Pfeffer, Lorbeerblatt, Macis, Chillies, Sesam, Fenchelsaat, Ajowan, Thymian, Bockshornkleesaat, Kardamom, Senf, Safran, Sternanis, Mohn u. a., von denen zwischen 8 und 13 Komponenten ein „Masala“ ausmachen.

5. Informationen und Tips für Gewürzverwender

5.1. Gewürzqualität

Die empfindlichen Aromaträger, die in den Gewürzpflanzen gut geschützt vorliegen, verändern sich bei der Zerstörung des pflanzlichen Zellverbandes (Schroten, Mahlen, Schneiden, Rebeln) durch den Einfluß exogener Faktoren. Das ursprüngliche Gewürzaroma wird vor allem durch Oxidationsvorgänge zu dem uns bekannten Aromaeindruck verändert.

Die Gewürzqualität wird zunächst maßgeblich durch die Qualität der Rohware bestimmt, die je nach Provenienz und Qualitätsstufe stark schwanken kann. Durch den Einsatz leistungsfähiger Reinigungsanlagen und einer aromaschonenden Kaltvermahlung – Zerkleinerung unter Anwendung von Kältemitteln wie flüssigem Stickstoff oder flüssigem Kohlendioxid – hat der Gewürzverarbeiter weiteren Einfluß auf die Qualität des Endproduktes, die dann noch während der Angebotsphase im Handel und der Lagerungszeit beim Verbraucher von der Art der Verpackung und den Lagerungsbedingungen abhängt.

Heute werden Gewürze in Gläsern, Metall-, Papp-, Kunststoffdosen und Beuteln aus Zellglas oder Verbundfolien mit oder ohne Aluminiumkaschierung angeboten.

Die generelle Forderung nach chemischer Inertheit, die an alle Lebensmittelverpackungen zu stellen ist, gilt selbstverständlich auch für die Gewürzverpackung. Für die meisten Gewürze gilt ferner die Forderung nach ausreichendem Lichtschutz, die lediglich Dosen, aluminiumkaschierte Beutelmaterialien und eingefärbte Gläser erfüllen.

Ferner soll die Gewürzverpackung in besonderem Maße aromaschützende Funktion bieten, um die volle Würzkraft über einen langen Zeitraum zu erhalten.

Die geeignete Verpackung für Gewürze ist chemisch inert, wiederverschließbar und bietet Licht- und Aromaschutz.

5.2. Mindesthaltbarkeit

Die Haltbarkeit der Gewürze ist in aller Regel hoch, die Würzkraft läßt jedoch in Abhängigkeit der besprochenen Faktoren und der Qualität der Verpackung im Laufe der Zeit nach.

Daher ist dem Verbraucher dringend zu raten, nur solche Verpackungsgrößen zu kaufen, deren Füllmenge sich am mittelfristigen Bedarf orientiert. Ein Gewürz mit abgelaufenem Mindesthaltbarkeitsdatum kann in fast allen Fällen weiter benutzt werden, jedoch ist die Würzkraft oft nicht mehr befriedigend.

Während der Lagerung beim Verbraucher sollten die Gewürze an einem kühlen, trockenen Platz aufbewahrt werden. Gewürze niemals über Heizquellen (Heizung, Herd usw.) lagern, da hier die thermische Belastung und damit die Aromaverluste besonders hoch sind.

Niemals direkt in kochende Speisen würzen, da es dabei zu einer Wasseraufnahme kommt, was mikrobiologische Haltbarkeit und Streufähigkeit des in der Verpackung verbleibenden Produktes negativ beeinflußt.

Bei einigen Gewürzen ist es sicher auch empfehlenswert, diese als ganze Ware einzukaufen, um sie direkt vor der Verwendung zu zerkleinern (z. B. Pfeffer in der Pfeffermühle).

5.3. Mikrobiologische Aspekte – Entkeimung

Gewürze enthalten eine mehr oder weniger große Zahl von Mikroorganismen. Dies haben sie mit vielen anderen naturbelassenen Agarprodukten gemein. Bei der industriellen Verarbeitung von Lebensmitteln ist man sehr darauf bedacht, möglichst keimarme Zutaten einzusetzen, um Fehlprodukte oder einen schnellen Verderb des Enderzeugnisses zu verhindern. Bei einigen wenigen Herstellungsverfahren wird keine oder nur eine geringe Keimreduzierung erreicht. In diesen Fällen ist man auf die Verwendung keimarmer Gewürze angewiesen. Nur für diesen Zweck, d. h. die industrielle Verarbeitung von Gewürzen und Kräutern, sieht die Europäische Gemeinschaft in der Zukunft die Bestrahlung mit ionisierenden Strahlen als Entkeimungsverfahren vor. Dieses Verfahren ist wie kein anderes auf mögliche Gesundheitsrisiken für den Menschen hin untersucht worden. Bis heute gilt es als sicherstes und toxikologisch unbedenkliches Verfahren. Dennoch wird es sich vermutlich nur sehr schwer durchsetzen, denn die Vorbehalte des Verbrauchers gegen eine Bestrahlung sitzen tief.

Ausdrücklich sei an dieser Stelle erwähnt, daß die Gewürze, die direkt an den Endverbraucher abgegeben werden, auch in Zukunft wohl nicht bestrahlt werden dürfen und brauchen, da die technologische Notwendigkeit nicht gegeben ist.

6. Farbabbildungen

Basilikum (S. 23)

Bohnenkraut (S. 30)

Chillies (S. 32)

Paprika (S. 37)

Curryblätter (S. 42)

Dill (S. 44)

Estragon (S. 46)

Fenchel (S. 48)

Ingwer (S. 52)

Kapern (S. 57)

Kerbel (S. 63)

Koriander (S. 68)

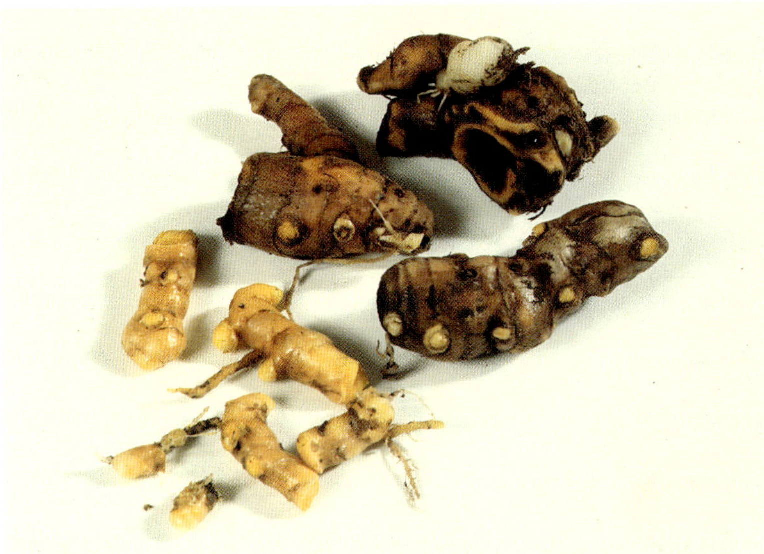

Kurkuma (S. 72)

Kümmel (S. 75)

Lavendel (S. 77)

Lorbeer (S. 79)

Majoran (S. 81)

Muskat (S. 83)

Nelke (S. 87)

Pfeffer (S. 97)

Pfefferplantage (S. 97)

Rosmarin (S. 104)

Safran (S. 106)

Salbei (S. 109)

Thymian (S. 121)

Quendel oder Feldthymian
(S. 121)

Vanille (S. 123)

Wacholder (S. 127)

Ysop (S. 129)

Zimt (S. 130)

Zimt (S. 130)

Zitronengras (S. 134

7. Anhang

7.1. Zusammensetzung wichtiger Gewürze

In den einzelnen Gewürzkapiteln sind verschiedene qualitative und quantitative Angaben für einige spezifische Inhaltsstoffe zu finden.

Diese Tabelle informiert, wie sich die wichtigsten Gewürze hinsichtlich ihrer Hauptinhaltsstoffe zusammensetzen. Die hier angegebenen Zahlen können nur Richtwerte sein, da viele Faktoren (Sorte, Herkunft, Erntezeitpunkt, klimatische Einflüsse, Qualität der Nachbehandlung) auf die quantitativen Verhältnisse einwirken und daher teilweise große Schwankungsbreiten festzustellen sind.

Auf Gehaltsangaben von Vitaminen, die ja auch in Gewürzen vorkommen (Vitamin B1, B2, C, A, Niacin), wurde verzichtet, da hierüber kein erwähnenswerter Beitrag zur Gesamtversorgung des Organismus erreicht wird.

Dies gilt für die übliche Verwendung von Gewürzen, deren Anteil meist unter 5% der verzehrfertigen Speise beträgt.

Tabelle 7. Angaben zur Zusammensetzung wichtiger Gewürze

		Anis	Basilikum	Bockshorn-kleesamen	Bohnenkraut
Wasser	%	8,0	11,0	10,0	10,5
Energiegehalt	kJ	1517	1420	1460	1283
Protein	%	17,0	14,0	22,0	6,5
Fett	%	16,0	4,0	6,5	6,0
Etherisches Öl	%	1,5–3,0	0,04–0,8	0,01–0,02	0,3–3,0
Kohlenhydrate	%	50,0	60,0	59,0	70,0
Rohfaser	%	14,5	17,5	10,0	15,0
Asche	%	6,0	13,3	3,0	8,8
Calcium	mg/100 g	650	2100	160	2050
Kalium	mg/100 g	1400	3500	700	1000
Natrium	mg/100 g	15	35	60	20

Tabelle 7. (Fortsetzung)

		Ceylonzimt	Chillies	Dillsaat	Dillkraut fein
Wasser	%	12,5	5,0	8,5	5,5
Energiegehalt	kJ	1124	1431	1314	1266
Protein	%	4,0	12,0	16,0	20,0
Fett	%	3,0	17,0	14,5	4,0
Etherisches Öl	%	1,0–4,0	< 0,5	2,0–4,0	0,1–0,35
Kohlenhydrate	%	80,0	57,0	55,0	57,0
Rohfaser	%	25,0	25,0	21,0	12,0
Asche	%	5,1	7,0	6,0	13,0
Calcium	mg/100 g	1200	150	1500	1700
Kalium	mg/100 g	500	2000	1200	3300
Natrium	mg/100 g	25	30	20	205

Tabelle 7. (Fortsetzung)

		Estragon	Fenchel	Ingwer	Kardamom
Wasser	%	5,0	9,0	10,0	8,0
Energiegehalt	kJ	1408	1470	1497	1431
Protein	%	23,0	16,0	9,0	11,0
Fett	%	7,0	15,0	6,0	6,5
Etherisches Öl	%	0,5–3,0	2,0–6,0	1,0–3,0	3,5–7,0
Kohlenhydrate	%	51,0	52,0	71,0	69,0
Rohfaser	%	7,5	16,0	6,0	11,0
Asche	%	10,5	7,5	4,5	5,5
Calcium	mg/100 g	1050	1200	110	380
Kalium	mg/100 g	2900	1650	1300	1100
Natrium	mg/100 g	60	90	30	20

Tabelle 7. (Fortsetzung)

		Kerbel	Knoblauch-pulver	Koriander	Kumin
Wasser	%	5,0	6,5	9,0	6,5
Energiegehalt	kJ	1198	1526	1356	1733
Protein	%	23,0	17,0	12,5	18,0
Fett	%	4,0	1,0	18,0	22,0
Etherisches Öl	%	< 0,01	0,2	0,4–1,8	2,5–4,5
Kohlenhydrate	%	49,0	72,0	55,0	44,0
Rohfaser	%	11,0	2,0	29,0	10,5
Asche	%	14,0	3,5	5,8	8,0
Calcium	mg/100 g	1300	80	700	950
Kalium	mg/100 g	4650	1100	1250	1800
Natrium	mg/100 g	80	25	35	170

Tabelle 7. (Fortsetzung)

		Kurkuma	Kümmel	Lorbeerblatt	Muskatblüte
Wasser	%	9,5	8,5	6,0	8,0
Energiegehalt	kJ	1508	1545	1295	2160
Protein	%	8,0	20,0	7,5	6,5
Fett	%	10,0	14,4	8,5	33,0
Etherisches Öl	%	2,0–5,0	2,5–6,0	0,8–3,0	8,0–20,0
Kohlenhydrate	%	64,0	50,0	75,0	50,0
Rohfaser	%	6,5	12,5	26,0	4,9
Asche	%	4,5	5,5	3,3	2,5
Calcium	mg/100 g	170	670	810	250
Kalium	mg/100 g	2400	1300	150	460
Natrium	mg/100 g	35	15	20	80

Tabelle 7. (Fortsetzung)

		Majoran	Muskat	Nelken	Oregano
Wasser	%	8,5	6,0	7,0	8,5
Energiegehalt	kJ	1205	2250	1760	1415
Protein	%	12,7	6,0	6,0	11,0
Fett	%	7,0	35,5	20,0	10,0
Etherisches Öl	%	0,9–2,2	8,0–10,0	10,0–17,0	0,2–4,0
Kohlenhydrate	%	60,0	49,0	61,0	64,5
Rohfaser	%	18,0	4,0	9,5	15,5
Asche	%	11,0	1,7	5,2	9,0
Calcium	mg/100 g	1890	140	620	1950
Kalium	mg/100 g	1400	270	1050	2080
Natrium	mg/100 g	70	12	220	18

Tabelle 7. (Fortsetzung)

		Paprika	Piment	Pfeffer schwarz	Pfeffer weiß
Wasser	%	7,5	9,5	11,0	12,0
Energiegehalt	kJ	1360	1265	1210	1370
Protein	%	15,0	6,0	11,0	10,5
Fett	%	13,0	6,6	3,5	2,0
Etherisches Öl	%	< 0,6	2,0–5,0	2,2–3,6	1,8–2,9
Kohlenhydrate	%	56,0	74,5	65,0	69,0
Rohfaser	%	21,0	21,5	14,0	4,3
Asche	%	7,0	4,2	3,9	1,0
Calcium	mg/100 g	180	720	400	130
Kalium	mg/100 g	2300	1050	1130	40
Natrium	mg/100 g	35	80	15	5

Tabelle 7. (Fortsetzung)

		Rosmarin	Safran	Salbei	Senfsaat
Wasser	%	9,0	12,0	8,5	7,0
Energiegehalt	kJ	1455	1480	1400	2040
Protein	%	5,0	11,5	10,5	25,0
Fett	%	15,0	6,0	12,7	29,0
Etherisches Öl	%	1,0–2,5	0,5–1,0	1,0–2,5	0,6–1,5
Kohlenhydrate	%	64,0	65,5	61,0	35,0
Rohfaser	%	18,0	4,0	18,0	6,5
Asche	%	6,3	5,5	7,5	4,0
Calcium	mg/100 g	1200	105	1600	450
Kalium	mg/100 g	950	1700	1050	600
Natrium	mg/100 g	45	140	10	5

Tabelle 7. (Fortsetzung)

		Thymian	Zwiebel
Wasser	%	9,0	4,0
Energiegehalt	kJ	1220	1485
Protein	%	9,0	10,0
Fett	%	7,5	1,2
Etherisches Öl	%	1,0–2,5	< 0,02
Kohlenhydrate	%	64,0	80,0
Rohfaser	%	18,5	5,5
Asche	%	9,5	3,7
Calcium	mg/100 g	1750	360
Kalium	mg/100 g	750	950
Natrium	mg/100 g	45	55

7.2. Strukturformeln wichtiger Aromakomponenten

A. Acyclische Monoterpene

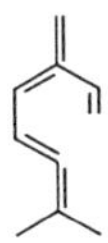
1)

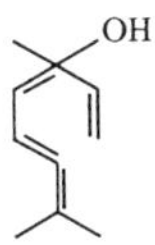

2)

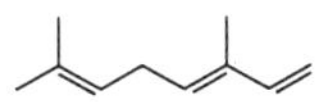
3)

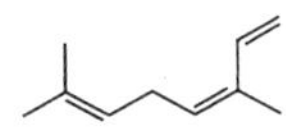
4)

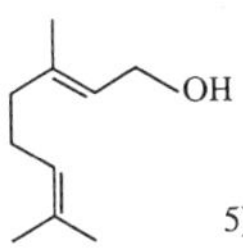

5)

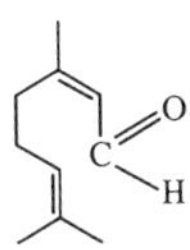

6)

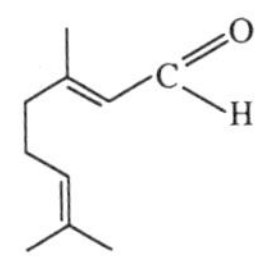

7)

1 Myrcen
2 Linalool
3 trans-Ocimen
4 cis-Ocimen
5 Geraniol
6 Neral*
7 Geranial*

*Das Isomerengemisch Neral/Geranial heißt „Citral“

B. Monocyclische Monoterpene

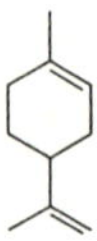
1)

2)

3)

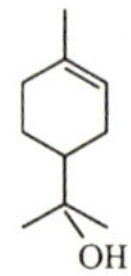

4)

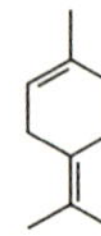
5)

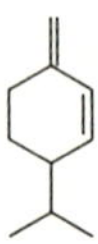
6)

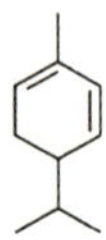
7)

8)

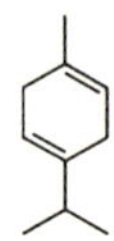
9)

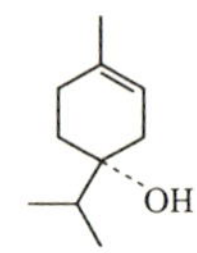

10)

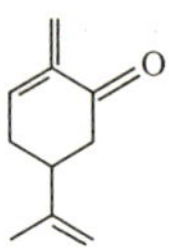

11)

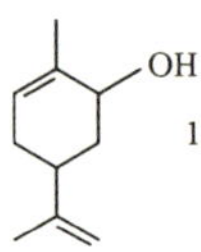

12)

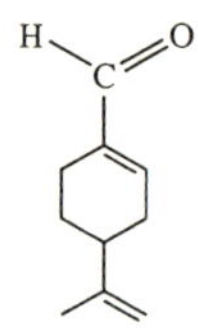

13)

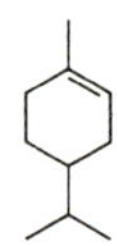
14)

1	Limomen
2	1,4-Cineol
3	1,8-Cineol
4	α-Terpineol
5	Terpinolen
6	α-Phellandren
7	β-Phellandren
8	α-Terpinen
9	γ-Terpinen
10	Terpinen-4-ol
11	Carvon
12	Carveol
13	Perillaldehyd
14	Dipenten

C. Bicyclische Monoterpene

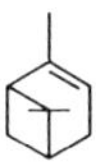 1) 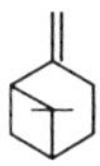 2) 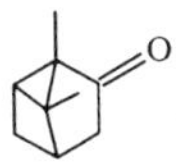 3) 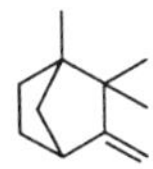 4) 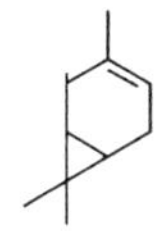 5) 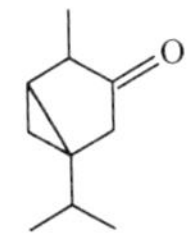 6)

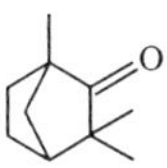 7)  8) 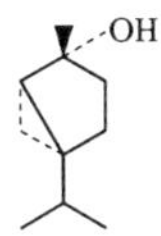 9) 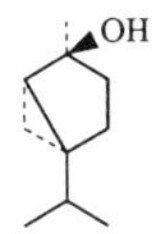 10) 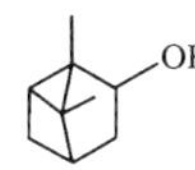 11)

1 α-Pinen
2 β-Pinen
3 Kampfer
4 Camphen
5 Δ^3-Caren
6 Thujon
7 Fenchon
8 Sabinen
9 cis-Sabinenhydrat
10 trans-Sabinenhydrat
11 Borneol

D. Acyclische Sesquiterpene

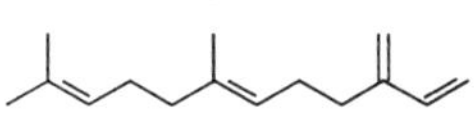

1)

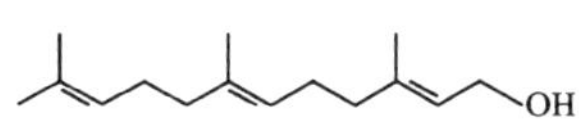

2)

1 β-Farnesen
2 Farnesol

E. Monocyclische Sesquiterpene

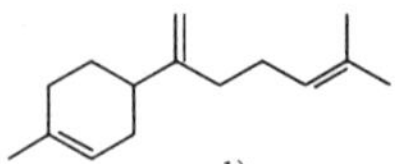

1)

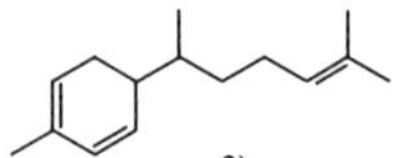

2)

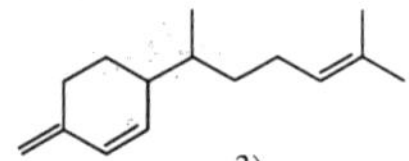

3)

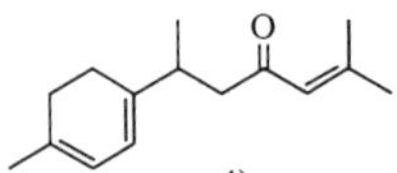

4)

1	β-Bisabolen
2	Zingiberen
3	Sesquiphellandren
4	Turmeron

F. Bicyclische Sesquiterpene

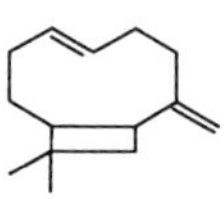

1)

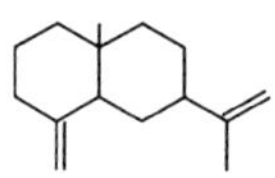

2)

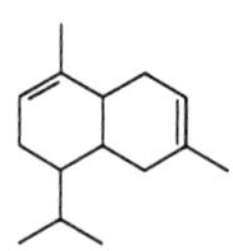

3)

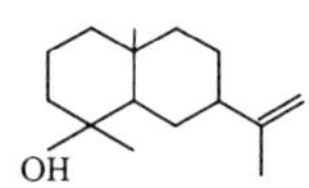

4)

1	β-Caryophyllen
2	β-Selenin
3	β-Cadinen
4	Zingiberol

G. Aromaten

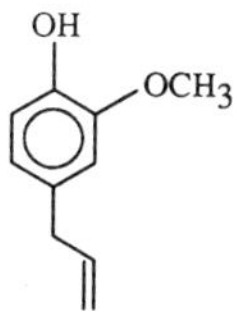

1)

2)

3)

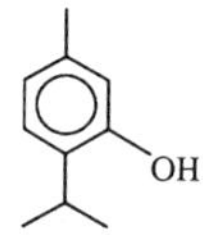

4)

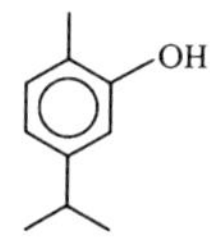

5)

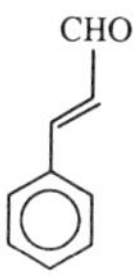

6)

7)

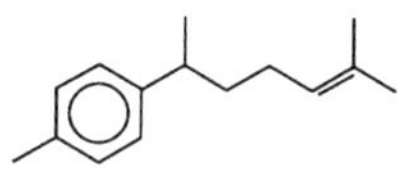

8)

1 Eugenol
2 Anethol
3 Methylchavicol
4 Thymol
5 Carvacrol
6 Zimtaldehyd
7 Anisaldehyd
8 ar-Curcumen

7.3. Synonymenschlüssel

A

Abrahamstrauch – Mönchspfeffer
Adjowan – Ajowan
Afrikanischer Pfeffer – Mohrenpfeffer
Ägyptischer Ammei – Ajowan
Ägyptischer Kümmel – Ajowan
Ajowankümmel – Ajowan
Allgewürz – Piment
Alterswurz – Knoblauch
Asafoetida – Asant
Asam – Asant

B

Badian – Sternanis
Basilgenkraut – Basilikum
Basilie – Basilikum
Basilienkraut – Basilikum
Beißbeere – Paprika
Besenkraut – Beifuß
Bolle – Zwiebel
Bratenkräutel – Majoran
Brauner Dost – Oregano
Brotkümmel – Kümmel

C

Canehl – Zimt
Cassiablüten – Zimtblüten
Chileschoten – Cayennepfeffer
Chilischoten – Cayennepfeffer
Chillischoten – Cayennepfeffer
Chinapfeffer – Szechuanpfeffer

D

Däll – Dill
Deutscher Pfeffer – Basilikum
Dille – Dill

Dostenkraut – Oregano
Dreilappiger Salbei – Salbei

E

Echter Ingwer – Ingwer
Echter Kümmel – Kümmel
Echter Salbei – Salbei
Edelsalbei – Salbei
Englischer Senf – Gelber Senf
Englisches Gewürz – Piment

F

Feldkümmel – Kümmel
Fenchelholz – Sassafras
Feuerbaum – Wacholder
Fieberwurzel – Galgant
Fliegenkraut – Beifuß

G

Gänsekraut – Beifuß
Galbanwurzel – Galgant
Gartenbohnenkraut – Bohnenkraut
Gartensalbei – Salbei
Gelber Ingwer – Kurkuma
Gelbwurz(el) – Kurkuma
Gemeiner Beifuß – Beifuß
Gerbersumach – Sumach
Gewürzlilie – Kentjoer
Gewürznelke – Nelke
Gilbwurzel – Kurkuma
Granwirlbeere – Wacholder
Griechischer Salbei – Salbei
Griechisches Heu – Bockshornkleesamen
Grüner Pfeffer – Pfeffer
Goldpfeffer – Cayennepfeffer
Guineapfeffer – Mohrenpfeffer
Gurkenkraut – Dill

H

Hirnkraut – Basilikum

Holländischer Senf	–	Gelber Senf
Hyssop	–	Ysop

I

Indianischer Pfeffer	–	Paprika
Indische Feige	–	Tamarinde
Ingber	–	Ingwer
Isop	–	Ysop
Italienischer Kümmel	–	Kümmel

J

Jachandel	–	Wacholder
Jamaikapfeffer	–	Piment
Japanischer Pfeffer	–	Szechuanpfeffer
Javanischer Pfeffer	–	Kubebenpfeffer
Josop	–	Ysop
Jungfernkraut	–	Beifuß

K

Käseklee	–	Bockshornkleesamen
Kaddigbeere	–	Wacholder
Kahnel	–	Zimt
Kala	–	Kreuzkümmel
Kaneel	–	Zimt
Kani	–	Mohrenpfeffer
Kappernkraut	–	Dill
Karbensamen	–	Kümmel
Karstbohnenkraut	–	Bohnenkraut
Kassia	–	Zimt
Keuschlamm	–	Mönchspfeffer
Keuschstrauch	–	Mönchspfeffer
Kewra	–	Pandanus
Knoblich	–	Knoblauch
Knofel	–	Knoblauch
Knubl	–	Knoblauch
Knublich	–	Knoblauch
Königsbisam	–	Basilikum
Königskraut	–	Basilikum
Königssalbei	–	Salbei
Körfelkraut	–	Kerbel

Kolumbinanischer Paprika	–	Cayennepfeffer
Kontsjor	–	Kentjoer
Korbelkraut	–	Kerbel
Krammetbeere	–	Wacholder
Kranawitt	–	Wacholder
Krankrautblätter	–	Rosmarin
Kranzenkrautblätter	–	Rosmarin
Kronawett	–	Wacholder
Kronawitt	–	Wacholder
Küchenwürze	–	Kerbel
Küchenzwiebel	–	Zwiebel
Kümmich	–	Kümmel
Kuhhornklee	–	Bockshornkleesamen
Kumin	–	Kreuzkümmel

L

Laoswurzel	–	Galgant
Lemongras	–	Zitronengras

M

Machandel	–	Wacholder
Macis	–	Muskatblüte
Magenwurzel	–	Knoblauch
Malabargras	–	Zitronengras
Malaguettapfeffer	–	Mohrenpfeffer
Mattenkümmel	–	Kümmel
Meigram	–	Majoran
Meleguettapfeffer	–	Mohrenpfeffer
Mollefrucht	–	Rosa Pfeffer
Mollesaat	–	Rosa Pfeffer
Mutterkraut	–	Beifuß

N

Nägelein	–	Nelke
Negerpfeffer	–	Mohrenpfeffer
Nelkenpfeffer	–	Piment
Nelkenrinde	–	Nelkenzimt
Neugewürz	–	Piment

P

Paradieskörner	–	Mohrenpfeffer
Pimiento	–	Paprika
Pink Pepper	–	Rosa Pfeffer
Pfefferkraut	–	Bohnenkraut
Prang-Gras	–	Kalmus

Q

Quakelbeere	–	Wacholder

R

Räucherstrauch	–	Wacholder
Rechholder	–	Wacholder
Reckholder	–	Wacholder
Römischer Kümmel	–	Kreuzkümmel
Rosmarein	–	Rosmarin
Roter Pfeffer	–	Cayennepfeffer Pfeffer

S

Safranwurzel	–	Kurkuma
Saturei	–	Bohnenkraut
Sauerdattel	–	Tamarinde
Schinusfrucht	–	Rosa Pfeffer
Schraubenbaum	–	Pandanus
Schwarzer Pfeffer	–	Pfeffer
Schwindelkorn	–	Koriander
Serehgras	–	Zitronengras
Siam-Ingwer	–	Galgant
Sizilianischer Sumach	–	Sumach
Sommerzwiebel	–	Zwiebel
Spanischer Kümmel	–	Kreuzkümmel
Spanischer Pfeffer	–	Paprika
Speisezwiebel	–	Zwiebel
Stielpfeffer	–	Kubebenpfeffer
Stinkdill	–	Koriander
Sumak	–	Sumach
Suppenkraut	–	Kerbel

T

Teufelsdreck – Asant
Till – Dill
Tjekoer – Kentjoer
Türkischer Kümmel – Kreuzkümmel
Türkischer Pfeffer – Paprika

W

Wanzendill – Koriander
Wanzenkümmel – Kreuzkümmel
Wanzenkraut – Koriander
Weiberkraut – Beifuß
Weißer Senf – Gelber Senf
Wiesenkümmel – Kümmel
Wilder Majoran – Oregano
Wilder Wermut – Beifuß
Windwurzel – Knoblauch
Winterbohnenkraut – Bohnenkraut
Wurstkraut – Majoran

X

Xylopiapfeffer – Mohrenpfeffer

Z

Zipolle – Zwiebel

8. Literaturverzeichnis

1. Brücher, H.: Tropische Nutzpflanzen. Ursprung, Evolution und Domestikation. Berlin-Heidelberg-New York: Springer 1977
2. Staesche, K.: Gewürze, in: Handbuch der Lebensmittelchemie, Band VI. Berlin-Heidelberg-New York: Springer 1970
3. Gööck, R.: Das Buch der Gewürze. Hamburg: Mosaik 1966
4. Boxer, A., Innes, J., Parry-Crooke, Ch., Esson, L.: Das Mosaik Gewürz & Kräuter Kochbuch. Hamburg: Mosaik 1985
5. Melchior, H., Kastner, H.: Gewürze. Berlin-Hamburg: Paul Parey 1974
6. Wichtl, M.: Teedrogen. Stuttgart: Wissenschaftliche Verlagsgesellschaft 1989
7. Lewis, Y. S.: Spices and Herbs for the Food Industry. Orpington: Food Trade Press 1984
8. Farell, K. T.: Spices, Condiments and Seasonings. Westport, Connecticut: AVI Publishing 1985
9. von der Brück, M.: Kräuter & Gewürze. Zug: Honos 1985
10. Pahlow, M., Pahlow, U.: Richtig würzen – gesünder leben. Bern-Stuttgart: Hallwag 1976
11. Küster, H.: Wo der Pfeffer wächst. München: C. H. Beck 1987
12. Purseglove, J. W., Brown, E. G., Green, C. L., Robbins, S. R. J.: Spices, Volume 1 and 2. London-New-York: Longman 1981
13. Seidemann, J., Siebert, G.: Würzmittel. Leipzig: VEB Fachbuchverlag 1987
14. Ostmann-Gewürze: Die Gewürze und das richtige Würzen – Ostmann Gewürzfibel. Bielefeld: Selbstverlag
15. Deutschmann, F., Hohmann, B., Sprecher, E., Stahl, E.: Pharmazeutische Biologie – Drogenanalyse I. Stuttgart-New York: Gustav Fischer 1979
16. Diener, H.: Drogenkunde. Leipzig: VEB Fachbuchverlag 1965
17. Pochljobkin, W. W.: Alles über Gewürze. Leipzig: VEB Fachbuchverlag 1988
18. Würzköstlich. Dortmund: Köhnen Verlagsgesellschaft 1985
19. Bielig, H. J., Askar, A., Treptow, H.: Gewürze. Herausgegeben in der Reihe: Fortschritte in der Lebensmittelwissenschaft. Berlin: TU Berlin 1975
20. Pruthi, J. S.: Spices and Condiments. Chemistry, Microbiology, Technology. New York-London-Toronto-Sydney-San Francisco: Academic Press 1980
21. Ehl, A.: Gewürze. Künzelsau: Sigloch 1980
22. Herrmann, K.: Exotische Lebensmittel. Berlin-Heidelberg: Springer 1987
23. Roth, L., Daunderer, M.: Giftliste 2. Landsberg/Lech: ecomed 1984
24. Gassner, G., Hohmann, B., Deutschmann, F.: Mikroskopische Untersuchung pflanzlicher Lebensmittel. Stuttgart: Gustav Fischer 1989
25. Deutsches Lebensmittelbuch. Köln-Berlin-Bonn-München: Carl Heymann 1987 (10. Nachlieferung)
26. Wagner, H.: Pharmazeutische Biologie 2 – Drogen und ihre Inhaltsstoffe. Stuttgart: Gustav Fischer 1979
27. Gerhard, H.: Gewürze für Deine Gesundheit. Stuttgart: Hippokrates 1981
28. Rajanikanth, B., Ravindranath, B., Shankaranarayana, M. L.: Volatile Polysulfides of Asafoetida. Phytochemistry 23 (4), 899–900 (1984)
29. Akgül, A.: A new spice from turkey: Laser trilobum (L.) Borkh. Acta Alimentaria 18 (1), 65–69 (1989)

30. Girardon, P., Bessiere, J. M., Baccon, J. C., Sauvaire, Y.: Volatile constituents of Fenugreek seeds. Planta medica 51, 533–534 (1985)
31. Pfänder, H. J., Frohne, D.: Szechuan-Pfeffer – Die Früchte von Zanthoxylum piperitum DC. (Rutaceae). Deutsche Apotheker Zeitung 127 (46), 2381–2384 (1987)
32. Stahl, E., Keller, K., Blinn, C.: Cardanol, a skin irritant in Pink Pepper. Planta medica 48, 5–9 (1983)
33. Woode, K. A.: X-ray crystal structure of a naturally occuring trans-2-cis-4-isomer of wisanin, a piperin-type alkaloid from Piper guineense. Journal of Natural Products, 47 (6), 1024–1027 (1984)
34. Bose, B., Ghosh, C., Singh, R. P.: Study on the chemical constituents of seeds of Nigella sativa. J. Inst. Chemists (Indien) 53 (6), 273 (1981)
35. Cherfas, J.: A cure for the curry house blues. New Scientist 4, 30 (1989)
36. MacLeod, A. J., Pieris, N. M.: Analysis of the volatile essential oils of Murraya koenigii and Pandanus latifolius. Phytochemistry, 21 (7), 1653–1657 (1982)
37. Li, Q., Zhu, L.-F., But, P. P. H., Kong, Y.-C., Chang, H.-T., Waterman, P. G.: Monoterpene and sesquiterpene rich oils from the leaves of Murraya species: Chemotaxonomic significance. Biochemical systematics and ecology, 16 (5), 491–494 (1988)
38. Oberdieck, R.: Paprika. Fleischwirtschaft 68 (9), 1086–1096 (1988)
39. Qualitätsnormen für gemahlenen Gewürzpaprika (Ung. Standard MSZ 11851–62) (1965)

9. Sachverzeichnis